Existiert der Wahlzyklus in Zeiten der großen Koalition unter Merkel?

Europäische Hochschulschriften
Publications Universitaires Européennes
European University Studies

Reihe XXXI
Politikwissenschaft

Série XXXI   Series XXXI
Sciences politiques
Political Science

Bd./Vol. 618

PETER LANG
Frankfurt am Main · Berlin · Bern · Bruxelles · New York · Oxford · Wien

Samuel Beuttler

Existiert der Wahlzyklus in Zeiten der großen Koalition unter Merkel?

Einfluss der Popularität
der Bundesregierung auf die
Landtagswahlen in Deutschland
zwischen 2005 und 2009

PETER LANG
Internationaler Verlag der Wissenschaften

Bibliografische Information der Deutschen Nationalbibliothek
Die Deutsche Nationalbibliothek verzeichnet diese Publikation in
der Deutschen Nationalbibliografie; detaillierte bibliografische Daten
sind im Internet über http://dnb.d-nb.de abrufbar.

Gedruckt auf alterungsbeständigem,
säurefreiem Papier.

ISSN 0721-3654
ISBN 978-3-631-63709-8
© Peter Lang GmbH
Internationaler Verlag der Wissenschaften
Frankfurt am Main 2012
Alle Rechte vorbehalten.

Das Werk einschließlich aller seiner Teile ist urheberrechtlich
geschützt. Jede Verwertung außerhalb der engen Grenzen des
Urheberrechtsgesetzes ist ohne Zustimmung des Verlages
unzulässig und strafbar. Das gilt insbesondere für
Vervielfältigungen, Übersetzungen, Mikroverfilmungen und die
Einspeicherung und Verarbeitung in elektronischen Systemen.

www.peterlang.de

Meinen Eltern

Vorwort

Das vorliegende Buch von Samuel Beuttler geht der Frage nach, ob die Landtagswahlergebnisse zu Zeiten der großen Koalition zwischen 2005 und 2009 einen zyklischen Verkauf genommen haben und darüber hinaus und allgemeiner, was den relativen (Miss-)Erfolg der Bundesregierung und der Parteien, die sie bilden, bei Landtagswahlen bestimmt. Sie ordnet die Frage in den weiteren Kontext von Wahlzyklen in Mehrebenen-Wahlsystemen ein.

Auf der Grundlage der deutschen und internationalen Literatur gewinnt Beuttler Hypothesen, die er im Anschluss mit einer Aggregatdatenanalyse überprüft. Er untersucht, welche Faktoren die Popularität der Bundesregierung beeinflussen, und wie diese mit dem Abschneiden bei Landtagswahlen zusammenhängen. Darüber untersucht er den Effekt der Wahlbeteiligung auf diesen Zusammenhang. Die Hypothesen werden in einem umfassenden Kausalmodell zusammenhängend dargestellt. Er findet, dass die Bundesregierung, insbesondere aufgrund des Abschneidens der SPD, im Verlauf der Legislaturperiode zunehmend an Popularität verliert und deshalb auch bei den Landtagswahlen sukzessive Stimmen verliert. Somit kann er die Frage nach der Existenz und Wirkmächtigkeit eines Wahlzyklus zu Zeiten der großen Koalition in den Jahren 2005 bis 2009 in der Bundesrepublik Deutschland eindeutig verneinen.

Herr Beuttler hat in seinem Buch die Verknüpfung von internationaler Theorie und deutscher Politik sehr gut dargestellt. Speziell die Übersetzung der Bedeutung US-amerikanischer Konzepte für den deutschen Kontext ist in diesem Zusammenhang zu erwähnen. Sein empirisch gehaltvolles Buch bietet eine wertvolle Basis, die bei weiteren Forschungen auf diesem Gebiet zu beachten sein wird.

Mannheim, 7.März 2012   Prof. Dr. Hermann Schmitt

Inhaltsverzeichnis

Einleitung- und Abgrenzung ... 17
Wahlen ... 21
Der Wahlzyklus ... 23
Der Wahlzyklus und die Popularitätskurve ... 23
Internationaler Stand der Forschung: Erklärungsansätze für den Wahlzyklus ... 24
Der „coattail"-Ansatz ... 24
Der „surge and decline"-Ansatz ... 26
Der Referendumsansatz ... 29
Das „negative-voting"-Modell ... 32
Der „presidental-penalty"-Ansatz ... 33
Die Logik des demokratischen Regierungshandelns ... 34
Modell des „political-business-cycle" (PBC) ... 35
„Second-order" Wahlen ... 36
Der „sincere-voting"-Ansatz ... 40
Ansatz der ebenenspezifischen Policy-Präferenzen ... 40
Probleme der Übertragbarkeit auf Deutschland ... 41
Zwischenfazit ... 41
Stand der Forschung in Deutschland ... 43
Studien zu den Zeitvariablen und der Popularität ... 43
Deutsche Wiedervereinigung ... 48
Wirtschaftliche Einflussgrößen ... 49
Wahlbeteiligung ... 50
Erweiterungen und weitere Einflussfaktoren ... 51
Spezielle Fallbeispiele ... 53
Abschneiden der kleinen Koalitionspartner und der sonstigen Parteien ... 54
Probleme ... 55
Zwischenfazit ... 55
Empirische Untersuchung ... 57

Analysezeitraum	57
Bundestagswahl 2005	57
Bundestagswahl 2009	59
Landtagswahlen	60
Modell	62
Hypothesen	64
Daten und Methoden	65
Datengrundlage	65
Operationalisierung	66
Methoden	67
Vorhersagen der Hypothesen	69
Analyse	70
Die „relativen" Stimmanteile der Parteien	70
Der Wahlzyklus	72
Die Popularität der Bundesregierung und der Einfluss der Wahlbeteiligung	76
Die wirtschaftliche Situation und die Popularität der Bundeskanzlerin	79
Zusammenfassung	81
Methodische Probleme	82
Effekte von Landtagswahlen auf die Bundespolitik	85
Koalition auf Bundesebene	85
Politiker	86
Der Bundesrat	87
Schlussfolgerungen	91
Prognose	96
Weitere Forschungsfelder	96
Literaturverzeichnis	98
Anhang	103

Tabellenverzeichnis

Tabelle 1: Beispiel für die Berechnung eines erwarteten Stimmanteils der Bundesregierungsparteien in einem Bundesland zum Zeitpunkt der Landtagswahl.. 44

Tabelle 2:Beispiel für die Berechnung der relativen Stimmanteile der Bundesregierungsparteien in einem Bundesland zum Zeitpunkt der Landtagswahl.. 45

Tabelle 3: Bundestagswahlergebnis am 18. September 2005 nach Parteien...... 58

Tabelle 4:Bundestagswahlergebnis am 27. September 2009 nach Parteien....... 59

Tabelle 5: Landtagswahlergebnisse der Parteien zwischen den Bundestagswahlen 2005 und 2009 nach Bundesländer geordnet...................... 61

Tabelle 6: Vorhersagen der Hypothesen über die Bundesregierungsparteien.... 69

Tabelle 7: Relative Stimmanteile (in %) der Bundesregierungs- und der Oppositionsparteien.. 71

Tabelle 9: Einflussfaktoren auf die relativen Stimmanteile der Bundesregierungsparteien und der Oppositionsparteien von 2005-2009 73

Tabelle 10:Einflussfaktoren auf die relativen Stimmanteile der Bundesregierungsparteien und der Oppositionsparteien von 2005-2009 74

Tabelle 11: Einflussfaktoren auf die politische Stimmung hinsichtlich der Bundesregierung und der Opposition von 2005-2009 76

Tabelle 12: Einflussfaktoren auf die politische Stimmung hinsichtlich der Bundesregierung und der Opposition von 2005-2009 77

Tabelle 13:Einflussfaktoren auf die relativen Stimmanteile der Bundesregierung von 2005.. 78

Tabelle 14:Einflussfaktoren auf die politische Stimmung von 2005.................. 80

Tabelle 15:Ergebnisse der Hypothesen über das Abschneiden der Regierungsparteien bei Landtagswahlen.. 81

Abbildungsverzeichnis

Abbildung 1: Anteil der Wähler der Partei des Präsidenten bei Präsidentschafts- bzw. Midterm-Wahlen 25

Abbildung 2:Referendumsansatz nach Abramowitz et al. (1986) 31

Abbildung 3:Modell zur Erklärung der Landtagswahlergebnisse der Bundesregierungsparteien 62

Abbildung 4:Relative Stimmanteile der Bundesregierungsparteien über die Legislaturperiode hinweg 75

Abkürzungsverzeichnis

BW Baden-Württemberg
RP Rheinland-Pfalz
ST Sachsen-Anhalt
BE Berlin
MV Mecklenburg-Vorpommern
HB Bremen
HE Hessen
NI Niedersachsen
HH Hamburg
BY Bayern
SL Saarland
SN Sachsen
TH Thüringen
BB Brandenburg
SH Schleswig-Holstein

BTW Bundestagswahl
LTW Landtagswahl

Einleitung- und Abgrenzung

„Bayern wird frei bleiben und Deutschland wird vom Marxismus wieder befreit werden" (Franz Josef Strauß 1974).

Mit dieser Parole betonte Franz Josef Strauß, welcher 1974 wirtschafts- und finanzpolitischer Sprecher der CDU/CSU-Bundestagsfraktion war, die Bedeutsamkeit der bayrischen Landtagswahl am 27. Oktober 1974 für die Bundesrepublik Deutschland. Sichtbar wird, dass die Auswirkungen von Wahlen auf der Landesebene für die Bundespolitik schon früh im Fokus standen. Die Folgen können vielfältig sein: Sie können Bundesregierungen bestätigen oder unter Druck setzen. Aufgrund von Landtagswahlen wurden bereits Kanzlerkandidaten gekürt, welche später erfolgreich zum Bundeskanzler gewählt[1] wurden, oder sie führten zu Neuwahlen im Bund[2]. Letztendlich wirken sich die Landtagswahlen auf die bundespolitisch wichtige Zusammensetzung des Bundesrates, der „zweiten Kammer" der Bundesrepublik, aus.

Der Begriff „Politikverflechtung" (Decker & von Blumenthal 2002: 144) beschreibt das Verhältnis der beiden Ebenen sehr gut, denn auch umgekehrt wirkt sich die Bundespolitik auf Landtagswahlen aus. So meinte beispielsweise der saarländische Ministerpräsident Peter Müller, dass die Verluste seiner Partei bei den Wahlen zum saarländischen Landtag „herzlich wenig mit Landespolitik und eher mit bundespolitischen Rahmenbedingungen zu tun" hätten.[3] Die Ergebnisse der Landtagswahlen werden somit oft als „Zwischenzeugnis" (Hilmer 2008: 93), „Quasi- bzw. Pseudo-Plebiszit" (Fabritius 1978: 164) oder als „Wetterfahne" (Decker & von Blumenthal 2002: 165) für die Popularität der Bundesregierung bezeichnet.

Reiner Dinkel (1977) konnte als erster empirisch zeigen, dass die Parteien der Bundesregierung nach einem gewissen Muster bei den Landtagswahlen verlieren: Je weiter weg eine Landtagswahl zeitlich von einer Bundestagswahl stattfindet, umso stärker sind die Verluste. Dieser u-förmige Verlauf wird als Wahlzyklus bezeichnet. Weitere Arbeiten bestätigten diesen Verlauf (Burkhart 2005, 2008), wobei dessen Existenz nach der Wiedervereinigung 1990 umstritten ist (vgl. Völkl 2009; Hough & Jeffery 2003; Decker & von Blumenthal 2002;

---

1   Aufgrund der Landtagswahl am 1.03.1998 wurde der spätere Bundeskanzler Gerhard Schröder (SPD) zum Kanzlerkandidaten der SPD gewählt.
2   Aufgrund des Verlustes der Regierungsmehrheit von SPD und Bündnis 90/die Grünen bei der Landtagswahl in Nordrhein-Westfalen am 22.05.1998, stellte Bundeskanzler Gerhard Schröder (SPD) im Bundestag die Vertrauensfrage. Nach dem dieser ihm das Vertrauen entzogen hatte, rief Bundespräsident Horst Köhler Bundestagsneuwahlen aus.
3   http://www.sr-online.de/nachrichten/2734/956024.html

Burkhart 2005). Als Erklärung für diesen Wahlzyklus wird neben anderen Faktoren oft der ebenfalls zyklische Verlauf der Popularität der Bundesregierung herangezogen (Dinkel 1977; Burkhart 2005, 2008). Dagegen behauptet Völkl, dass der Einfluss der Bundespolitik bei jeder Landtagswahl anders sei (2007: 490).

Die zentrale Fragestellung meiner Arbeit bezieht sich auf die Landtagswahlen, welche in der Legislaturperiode der großen Koalition von 2005 bis 2009 stattfanden.

Die Frage ist: Kommt es in dieser Zeit zu einem zyklischen u-förmigen Verlauf der Verluste der Bundesregierungsparteien bei Landtagswahlen über die Legislaturperiode hinweg? Die Annahme ist, dass die Popularität der Bundesregierung diesen Wahlzyklus beeinflusst. In diesem Zusammenhang werden verschiedene Erklärungsansätze auf ihre Gültigkeit getestet.

Zunächst gehe ich ausführlich auf den internationalen Forschungsstand ein. Dabei konzentriere ich mich vor allem auf verschiedene Theorien, welche die Verluste der Partei des US-Präsidenten bei den Midterm-Wahlen erklären. Zusätzlich werden Ansätze, welche das Abschneiden der Regierungen bei den Wahlen zum Europäischen Parlament untersuchen, berücksichtigt. Da diese Erklärungen den Grundstock bilden, auf dem die deutschen Untersuchungen zum Einfluss der Bundespolitik auf die Landtagswahlen aufbauen, zeige ich jeweils deren Implikationen für das deutsche System auf.

Im nächsten Abschnitt fasse ich die bisherigen deutschen Studien zu dieser Thematik zusammen und diskutiere sie kritisch. Die derzeitige Literatur legt den Fokus vor allem auf den Einfluss der ökonomischen Situation, der Wahlbeteiligung bzw. der Popularität der Regierung auf die Landtagswahlergebnisse der Regierungs- bzw. Oppositionsparteien von 1949 bis 2005. Zudem wird betrachtet, ob sich der Wahlzyklus vor und nach der deutschen Widervereinigung 1990 unterscheidet.

Mein Hauptteil bildet die empirische Untersuchung der 16 Landtagswahlen, welche innerhalb der Legislaturperiode der großen Koalition von 2005 bis 2009 stattfanden. Dabei untersuche ich, ob die an der Bundesregierung beteiligten Parteien bei diesen Wahlen auf der Länderebene verloren haben, und wenn ja, ob diese Verluste zeitlich gesehen nach einem u-förmigen Zyklus verlaufen. Zudem analysiere ich den Einfluss der Popularität der Bundesregierung bzw. der Wahlbeteiligung auf diese Landtagswahlen. Des Weiteren wird untersucht, ob die gesamtwirtschaftliche Lage bzw. die Beliebtheit der Bundeskanzlerin Angela Merkel Faktoren sind, welche wiederum die Popularität der Bundesregierung beeinflussen. Somit betrachte ich ausschließlich Einflussfaktoren auf der Makro- oder Aggregatebene. Untersuchungen von Individualdaten, um diesbezüglich das Wählerverhalten zu erforschen, sind für meine Arbeit nicht relevant. Am Ende des Hauptteils werden noch methodische Probleme aufgezeigt.

Im letzten Kapitel fasse ich die Ergebnisse zusammen und verifiziere bzw. falsifiziere bisherige Theorien. Zudem gehe ich kurz auf die bundespolitischen Folgen der Landtagswahlen für die Regierungskoalition, für einzelne Politiker und für die Zusammensetzung des Bundesrates ein. Zudem gebe ich einen Ausblick für das zukünftige Abschneiden der derzeitigen schwarz-gelben Bundesregierung bei Landtagswahlen. Letztendlich zeige ich mögliche weitere Forschungsfelder für die Zukunft auf.

Wahlen

Eine Demokratie ohne Wahlen ist undenkbar. Wahlen „sind die Methode politischer Herrschaftsbestellung, welche die der Herrschaft unterworfenen Bürger in einem auf Vereinbarung beruhenden, formalisierten Verfahren (nach Spielregeln) periodisch an der Erneuerung der politischen Führung (durch Auswahl und Wahlfreiheit zwischen konkurrierenden Sach- und Personalalternativen) beteiligt" (Nohlen & Schultze 2004: 1088). In Anlehnung an den Ansatz von Reif & Schmitt (1980) kann generell zwischen zwei Arten von Wahlen unterschieden werden: Die erste Gruppe stellen die Wahlen auf der nationalen Ebene für die erste Kammer bzw. für das nationale Parlament in einem parlamentarischen Zwei-Kammern-System und die Präsidentschaftswahlen im Präsidentialismus dar. Auf der anderen Seite sind die Wahlen zur zweiten Kammer, in föderalen Staaten lokale Provinz- bzw. Landtagswahlen, in Westminster-Demokratien die „by-elections", in präsidentiellen Systemen die Midterm- oder Zwischen-Wahlen in einer zweiten Gruppe zusammenzufassen. Zu dieser zweiten Gruppe zählt Reif und Schmitt (1980) auch die Wahlen zum Europäischen Parlament. Zur Unterscheidung wird die erste Gruppe als „Wahlen für die erste Ebene" und die zweite Gruppe „Wahlen für die zweite Ebene" bezeichnet.

Die „by-elections" oder Nachwahlen finden „in Systemen der Mehrheitswahl (in Einerwahlkreisen) bei Vakanzen, z.B. aufgrund von Rücktritt, Tod, Mandatsverlust der Mandatsinhaber, statt" (Nohlen & Schultze 2004: 569). Großbritannien ist ein Beispiel für dieses Wahlsystem.

In den USA finden in der Mitte der Amtszeit des Präsidenten Midterm-Wahlen statt. Bei diesen Halbzeitwahlen und bei den Präsidentschaftswahljahren wird das Repräsentantenhaus und ein Drittel der Senatoren gewählt. In den meisten Bundesstaaten werden alle vier Jahre gleichzeitig mit den Midterm-Wahlen die Gouverneure, die Legislativen in den Staaten und die Bezirksverwaltungen gewählt.

In vielen demokratisch föderalen Staaten finden die Wahlen auf verschiedenen Ebenen an unterschiedlichen Zeitpunkten statt (Dinkel 1989: 253). So wird in der föderalistischen Präsidialdemokratie Argentinien zum Beispiel der Präsident, welcher Regierungschef und Staatsoberhaupt zugleich ist, alle vier Jahre in einem oder, falls nötig, in zwei Wahlgängen direkt gewählt. Diesem steht der Kongress, welcher sich aus dem Senat und der Abgeordnetenkammer zusammensetzt und die Legislative darstellt, gegenüber. Er wird meist in allen Provinzen zu unterschiedlichen Zeitpunkten gewählt.

In der Bundesrepublik Deutschland finden die einzelnen Landtagswahlen meist zeitlich versetzt statt, da die jeweiligen Bundesländer zu unterschiedlichen

Zeitpunkten gegründet wurden. Zudem variieren die Legislaturperioden auf Landesebene zwischen 4 und 5 Jahren. So ist es eher die Ausnahme, dass Bundestags- und Landtagswahlen auf ein gemeinsames Datum fallen. Die Wahlen zum Europäischen Parlament finden seit 1979 in allen Mitgliedsstaaten der Europäischen Union alle fünf Jahre bis auf wenige Ausnahmen zeitgleich an einem Datum statt.

Die Wahlen der zweiten Ebene gelten oft als Gradmesser für die meist sinkende Popularität der nationalen Regierungs- und Oppositionsparteien zwischen zwei Wahlen auf der ersten Ebene während der Legislaturperiode (Decker & von Blumenthal 2002). In vielen empirischen Studien ist nachgewiesen, dass sich diese abnehmende Popularitätswerte in entsprechenden Ergebnissen bei Wahlen der zweiten Ebene in diesen vielen verschiedenen Ländern widerspiegeln.

Der Wahlzyklus

Zunächst wird das Prinzip des Wahlzykluses erklärt. Danach werden verschiedene Erklärungsansätze für dieses Phänomen vorgestellt. Zuletzt wird der Stand der Forschung in Deutschland zu dieser Thematik zusammengefasst.

Der Wahlzyklus und die Popularitätskurve

Einfluss auf die Bundespolitik nehmen die untergeordneten regionalen Ebenen oft durch die Institution der „Zweiten Kammer": In Deutschland und Österreich ist dies der Bundesrat, in der Schweiz der Ständerat und in den Vereinigten Staaten von Amerika stellt dies der Senat dar. In den USA hat bis auf die Jahre 1926, 1998 und 2002 die Partei des regierenden Präsidenten seit dem „civil war" bei den Midterm-Wahlen systematisch an Sitzen im Repräsentantenhaus verloren (vgl. Hough & Jeffery 2003). Stimson (1976: 1) bringt dies mit einem Popularitätszyklus in Verbindung, nach welchem die Popularitätswerte der Präsidenten u-förmig parabelförmig verlaufen: Zu Beginn der Amtszeit sind die Werte hoch, danach gibt es konstante Verluste bis zu einem Tiefpunkt in der Mitte der Legislaturperiode, und am Ende der Amtszeit erholen sich die Werte wieder.

Diese empirischen Regelmäßigkeiten in der Popularität des Präsidenten führen zu Verlusten dessen Partei bei den Halbzeitwahlen und werden als „election cycles" oder „Wahlzyklen" bezeichnet.

Diese amerikanischen Ergebnisse stellen den Ausgangspunkt für die deutschen Untersuchungen dar. Auf Deutschland übertragen stellen die Landtagswahlen die „midterm elections" dar, während die Bundestagswahl der Wahl zum amerikanischen Präsidenten entspricht. Hier zeigt sich auch schon ein signifikanter Unterschied: Die deutschen Landtagswahlen verteilen sich meistens auf verschiedene Zeitpunkte im Jahr bzw. finden teilweise am selben Tag wie die Bundestagswahl statt. Dies bedeutet, dass die Landtagswahlen nicht gebündelt in der Mitte der 4-jährigen Legislaturperiode der Bundesregierung stattfinden.

Wie in den USA werden auch in vielen Untersuchungen über Deutschland Zeitvariablen als Näherungswert für die Popularität einer Regierung verwendet (vgl. Burkhart 2005, 2008). Während Regierungsparteien nach der Wahl in einer Art „Neuwahleuphorie" an Sympathie hinzugewinnen, welche ungefähr der sogenannten inoffiziellen „100-Tage-Schonfrist" (Decker & von Blumenthal 2002: 148) entspricht, verlieren sie danach teilweise dramatisch an Zustimmung bis zum niedrigsten Wert ungefähr in der Mitte der Legislaturperiode. Danach steigen die Popularitätswerte wieder bis sie auf einem ähnlichen Niveau wie bei der letzten Wahl liegen (Burkhart 2005: 17).

Somit ist, wie in den USA, ein u-förmiger Verlauf dieser Werte zu beobachten. Dieser Popularitätszyklus spiegelt sich bei den Landtagswahlergebnissen in einem entsprechenden wahlzyklischen Verlauf der Stimmenverluste der Bundesregierungsparteien wider: Nach der Bundestagswahl verlieren die Bundesregierungsparteien bei den darauf folgenden Landtagswahlen stetig an Stimmen im Vergleich zu dem entsprechenden Bundestagswahlergebnis in dem Bundesland. Diese Verluste sind am größten bei den Landtagswahlen, welche in der Mitte einer Legislaturperiode auf Bundesebene stattfinden. Danach gewinnen die Regierungsparteien wieder an Stimmen hinzu. Am Ende der Wahlperiode sind sie ungefähr wieder auf dem Niveau angelangt, welches sie bei der letzten Bundestagswahl in dem entsprechenden Bundesland erreicht hatten.

Internationaler Stand der Forschung: Erklärungsansätze für den Wahlzyklus

Verschiedene Ansätze versuchen die systematischen Verluste der Partei des Präsidenten bei den Midterm-Wahlen zu erklären. Entsprechend dazu untersuchten weitere Studien das Abschneiden der Regierungsparteien bei den Wahlen zum Europäischen Parlament.

Der „coattail"-Ansatz

Dieser Ansatz, auch „regression-to-the-mean" genannt, geht von der zentralen Annahme aus, dass die Bewertung der Präsidentschaftskandidaten durch den Wähler direkt die Kongresswahlen beeinflusst. Bei den Kongresswahlen, die zeitgleich mit den Präsidentschaftswahlen stattfinden, und den „midterm elections" werden die Kongressabgeordneten aufgrund der Parteiidentifikation, bestimmter Sachthemen oder der entsprechenden Persönlichkeit gewählt (Campbell 1997: 15). Indem sich diese Kongressabgeordneten jedoch zusätzlich in dem Präsidentschaftswahljahr an den „Rockzipfel" (englisch: coattail) eines populären Präsidentschaftskandidaten hängen können, erhält diese Partei mehr Plätze im Kongress im Vergleich zu den Halbzeitwahlen, bei welchen dieser Effekt wegfällt (*Abbildung 1*).

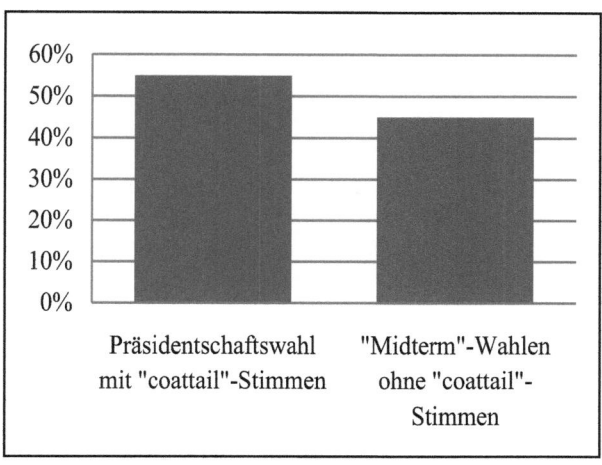

Quelle: Eigene Berechnung

Abbildung 1: Anteil der Wähler der Partei des Präsidenten bei Präsidentschafts- bzw. Midterm-Wahlen

Nach Born (1984) wirken sich die politisch aufregenden Zeiten und das größere öffentliche Interesse an Politik, welches durch die Präsidentschaftswahlen vorhanden ist, auf die zeitgleich stattfindenden Kongresswahlen aus. Somit werden diese Kongresswahlen durch die nationalen Sachfragen, Persönlichkeiten der Präsidentschaftskandidaten und Strategien der Präsidentschaftskampagnen beeinflusst und begünstigen die Partei des zukünftigen Präsidenten, da sie zu dem bereits oben beschriebenen „coattail"-Effekt führen. Bei den Midterm-Kongresswahlen dagegen fallen diese zusätzlichen, kurzfristigen Faktoren weg. Es spielen eher die oben genannten verschiedenen Effekte und lokale Einflüsse eine Rolle.

Nach Erikson (1988) kann dieser Ansatz anhand von Daten seit 1902 insgesamt empirisch nicht bestätigt werden. Es können keine Unterschiede der Stärke von kurzfristigen Faktoren über eine Legislaturperiode hinweg festgestellt werden (Calvert & Ferejohn 1981). Abnehmende Coattail-Effekte stellt Born (1984) von 1952 bis 1980 fest (vgl. Calvert & Ferejohn 1983).

Das Problem dieses Ansatzes ist, dass er nichts über das individuelle Wahlverhalten aussagt. Es wird nicht explizit beschrieben, wie aus einem bestimmten Wahlverhalten ein Wandel in der Sitzverteilung entsteht. Es wird nicht beschrieben, welcher bestimmte Wählertyp zu dem „coattail"-Effekt führt, d.h. welcher Wähler sich durch die kurzfristigen Faktoren beeinflussen lässt. Zudem berücksichtigt der Ansatz nur eine eng begrenzte Zahl an kurzfristigen Einflussfaktoren. Die geringere Wahlbeteiligung bei den Halbzeitwahlen, im Vergleich zu den Präsidentschaftswahlen, spielt in dieser Erklärung gar keine Rolle.

Wenn man diesen „coattail"-Ansatz auf Deutschland überträgt, bedeutet dies, dass sich bei zeitgleich terminierten Bundes- und Landtagswahlen die Popularität der Bundeskanzlerin auf das Ergebnis der Partei bei der betreffenden Landtagswahl auswirkt. Die entsprechenden Landespolitiker profitieren von dem siegreichen zukünftigen Bundeskanzler. Dieses Phänomen müsste bei der Bundestagswahl am 27. September 2009 in Schleswig-Holstein und in Brandenburg sichtbar sein: Dort fanden am selben Tag Landtagswahlen statt. Die CDU und ihre Spitzenkandidaten in diesen Ländern sollten nach der Theorie von dem Amtsbonus der Bundeskanzlerin Angela Merkel (CDU), welche nach Umfragen verschiedener Meinungsforschungsinstitute hohe Popularitätswerte aufweisen konnte[4], profitieren.

Der „surge and decline"-Ansatz

Dieser Ansatz baut auf dem „coattail"-Ansatz auf. Nach Angus Campbell (1960: 397f.) hängt die Wahlbeteiligung bei nationalen Wahlen primär von folgenden kurzfristigen Faktoren ab: Die relevanten aktuellen Sachfragen, die (Spitzen-) Kandidaten und die aktuelle Performanz der Parteien. Er unterscheidet zwischen zwei unterschiedlichen Wahltypen, den „high"- bzw. „low-stimulus"-Wahlen, und zwischen drei Arten von Wählern: Die „core voters", „peripheral voters" und „independents" (Campbell 1960: 399), wobei James Campbell nur zwischen den ersten beiden genannten Typen differenziert (Campbell 1997: 11).

Zeitgleich stattfindende Präsidentschafts- und Kongresswahlen sind „high-stimulus"-Wahlen, bei denen es aufgrund höherer Kampagnenaktivität zu einer höheren Wahlbeteiligung kommt (Campbell 1997: 11). Die höhere Kampagnenaktivität zeigt sich in höheren finanziellen Ausgaben und in einer höheren öffentlichen Aufmerksamkeit. Auf der anderen Seite werden die Midterm-Wahlen zum Kongress als „low-stimulus" Wahlen bezeichnet, bei denen geringere tatkräftige Kampagnen zu einer geringeren Wahlbeteiligung führen.

Die oben genannten drei Wählertypen unterscheiden sich hinsichtlich ihres Interesses an Politik, der Höhe ihrer Parteiidentifikation, und hinsichtlich ihrer Beeinflussung durch die oben genannten kurzfristigen Faktoren. Das politische Interesse entwickelt sich im Zuge der Erstsozialisation. Die Parteiidentifikation ist in einem Zusammenhang mit der Parteibindung zu sehen: Viele Wähler füh-

---

4 http://www.forschungsgruppe.de/Umfragen_und_Publikationen/Politbarometer/Archiv/Politbarometer_2009/September_III

len sich einer Partei über Jahre hinweg zugehörig, auch wenn sie bei der einen oder anderen Wahl eine andere Partei wählen. Je nach Kombination dieser drei Faktoren differiert die Höhe der Wahlbeteiligung zwischen den drei Gruppen.

So sind die „core voters" politisch interessiert, identifizieren sich stark mit einer Partei und lassen sich weniger durch kurzfristige Faktoren beeinflussen. Sie sind sich in ihrer Parteienwahl in den meisten Fällen sicher und gehen deshalb regelmäßig zu jeder Wahl. Darum können sie auch als habituelle Wähler bezeichnet werden (Campbell 1997: 11)

Dagegen interessieren sich die „peripheral voters" relativ dazu gesehen weniger und nur vorübergehend für die Politik; haben keine so starke Parteienbindung; und lassen sich eher auch durch kurzfristige Faktoren beeinflussen. Ihr intrinsisches Interesse an Politik ist normalerweise nicht hoch genug, um sie zur Wahl zu bewegen. Sie brauchen einen zusätzlichen Motivationsschub. Durch die kurzfristigen Faktoren, den größeren öffentlichen Fokus und die höhere Bedeutsamkeit der Präsidentschaftswahl geben diese nur bei den „high-stimulus" Wahlen ihre Stimme ab. Bei den Halbzeitwahlen fehlt normalerweise diese extra Stimulation (Campbell 1997: 11) und diese Wähler bleiben zu Hause.

Übrig bleiben die „independents". Sie identifizieren sich mit keiner Partei und ihr Interesse an der Politik ist so gering, dass sie oft nicht einmal an den „high-stimulus"-Wahlen teilnehmen.

So hängt die Wahlbeteiligung in erster Linie davon ab, ob die peripheren Wähler an der Wahl teilnehmen oder nicht. Dies wiederum hängt von den kurzfristigen Faktoren ab: Ein populärer, charismatischer Kandidaten, welcher sich signifikant von dem Kandidaten der anderen Partei unterscheidet, oder eine als besonders wichtig wahrgenommene politische Sachfrage, treibt diese Wähler bei den „high-stimulus"-Wahlen zur Wahlurne. Aufgrund der kurzfristigen Einflussfaktoren wird so die führende Partei gewählt. Auch die Stammwähler, welche sich ausnahmsweise von kurzfristigen Faktoren beeinflussen lassen, wählen unter Umständen die führende Partei, auch wenn sie sich mit der anderen Partei identifizieren. Dazu kommen noch einige unabhängige Wähler, welche sich von der führenden Partei „stimulieren" lassen. Bei folgenden „low-stimulus"-Wahlen geben die peripheren Wähler teilweise nicht ihre Stimme ab, da die kurzfristigen Faktoren nicht stimulierend genug wirken und sie so die Wahlen als weniger bedeutsam ansehen. Wenn sie doch an die Urne gehen, verteilen sich ihre Stimmen auf die Parteien. Zudem kehren die abtrünnigen Stammwähler zu ihrer Partei zurück und die unabhängigen Wähler gehen großteils nicht zur Wahl. Die Folge dieses neuen Wahlverhaltens ist, dass die allgemeine Wahlbeteiligung sinkt und die Partei, welche bei den „high-stimulus elections" führend war, an Stimmen verliert (Campbell 1960: 401). Somit wird hauptsächlich anhand der Beteiligung und dem Verhalten der peripheren Wähler die variierende

Wahlbeteiligung zwischen den „high-" bzw. „low-stimulus" Wahlen erklärt (Campbell 1960: 400).

Schlussendlich wird dieser Ablauf von Anstieg und Abstieg bei diesen Wahlen als „cycle of surge-and-decline" (Campbell 1960: 401) bezeichnet.

Die oben genannten Nachteile des „coattail"-Ansatzes wurden durch die „surge-and-decline"- Theorie aufgegriffen und behoben: Das individuelle Wahlverhalten wird erklärt, die kurzfristigen Faktoren werden umfangreicher beschrieben und auch die Rolle der Wahlbeteiligung wird berücksichtigt. Jedoch basiert die Theorie auf starken Annahmen und vereinfacht stark die Wählerschaft, indem diese in drei Kategorien eingeteilt wird. Zudem wird der mögliche Einfluss der gesamtwirtschaftlichen Situation nicht berücksichtigt.

Empirische Untersuchungen kommen zu verschiedenen Ergebnissen: Während der Ansatz von Erikson (1988) an sich nicht verifiziert wurde, konnte Born (1990) zeigen, dass die Anhänger der Oppositionspartei bei den Kongresswahlen in Präsidentschaftswahljahren eher Abgeordnete der Präsidentenpartei wählen. Albert D. Cover (1985) führte eine umfassende Untersuchung durch welche bestätigte, dass der Anteil der Stammwähler („core voters") an der gesamten Wahlbeteiligung bei den Midterm-Wahlen zum Kongress höher ist als bei den Kongresswahlen, welche zeitgleich mit den Präsidentschaftswahlen stattfinden. Damit scheint es sich implizit zu bestätigen, dass die peripheren Wähler eher in den Präsidentschaftswahljahren zur Wahl gehen (Cover 1985: 608). Des Weiteren konnte Cover bestätigen, dass sich die Stärke des Einflusses der kurzfristigen Faktoren zwischen den beiden Wahlen unterscheidet, jedoch ist der Unterschied nicht auf dem 5 % Signifikanzniveau signifikant (Cover 1985: 611). Letztendlich konnte jedoch die entscheidende Frage, ob sich das Wahlverhalten der beiden Wählertypen unterscheidet, empirisch nicht eindeutig beantwortet werden, da sich diese beiden nicht signifikant voneinander unterscheiden. Somit erklärt die „surge-and-decline"-Theorie nicht die Verluste der Präsidentenpartei bei den Halbzeitwahlen.

Aufgrund dieser widersprüchlichen empirischen Ergebnisse stellte James E. Campbell 1987 einen revidierten Ansatz vor. Dieser Ansatz basiert auf denselben Grundannahmen wie die Originaltheorie.

Campbell unterteilt die Wähler auf der einen Achse in unabhängige Wähler und Parteianhänger. Auf der anderen Achse unterscheidet er die kurzfristigen Effekte bei den Präsidentschaftswahlen in Effekte auf die Wahlbeteiligung bzw. auf das Wahlverhalten. In der Originaltheorie beeinflussten die kurzfristigen Faktoren bei dieser Wahl die Wahlbeteiligung der „independents" und die Wahlentscheidung bei den Parteianhängern. Bei der revidierten Version ist dies genau umgekehrt. Die Annahme ist nun, dass die unabhängigen Wähler durch diese kurzfristigen Faktoren in ihrem Wahlverhalten so beeinflusst werden, dass sie überproportional die führende Partei wählen (Campbell 1987: 969). Bisher galt bei den Parteianhängern der unterlegenen Partei die Annahme, dass sie sich bei Präsidentschaftswahlen durch die kurzfristigen Effekte so beeinflussen lassen, dass sie am Ende den Kandidaten der anderen Partei gewählt haben. Dies könnte aber eine Art kognitive Dissonanz auslösen. Deshalb wird nun eine zusätzliche, für diese Wähler sehr attraktive, Entscheidungsmöglichkeit ins Spiel gebracht: Das Nichtwählen (Campbell 1987: 969). Somit beeinflussen die kurzfristigen Effekte bei den Präsidentschaftswahlen nicht mehr die Wahlentscheidung von Parteianhänger, sondern die Wahlbeteiligung. Die Annahme ist, dass durch die kurzfristigen Effekte die Anhänger der führenden Partei zur Wahl gehen und ihrer Partei die Stimme geben, während die Anhänger der unterlegenen Partei eher nicht zur Wahl gehen.

Nach Campbell (1987) kann diese revidierte Theorie im Großen und Ganzen empirisch bestätigt werden.

Problematisch an dem Ansatz ist die Annahme, dass die Parteianhänger vor der Wahl wissen würden welche Partei gewinnen und welche verlieren wird (Völkl 2009: 29). Zudem wird ein möglicher Einfluss der gesamtwirtschaftlichen Situation nicht berücksichtigt.

Auf Deutschland übertragen können die Bundestagswahlen nach der „surge-and-decline"-Hypothese als „high-stimulus elections" bezeichnet werden, bei welchen die Wahlbeteiligung durch eine hohe Politisierung und Mobilisierung hoch ausfällt. Landtagswahlen können als „low-stimulus elections" bezeichnet werden, welche aufgrund des geringen Einflusses der bereits oben beschriebenen kurzfristigen Faktoren eine geringere Wahlbeteiligung haben. Diese würde zu Stimmenverlusten für die Bundesregierungsparteien führen. Wenn nun diese beiden Wahlen auf dasselbe Datum fielen, käme es zu einer überdurchschnittlich hohen Wahlbeteiligung bei der entsprechenden Landtagswahl (Völkl 2009: 39).

Der Referendumsansatz

Da wie erwähnt empirische Untersuchungen von Calvert und Ferejohn (1981) und Born (1984) einen Rückgang der Coattail-Effekte feststellten, wurde ein Alternativansatz entwickelt, um die Verluste der Präsidentschaftspartei bei den Midterm-Wahlen zu erklären: Die Referendumstheorie. Tufte ging in seiner Studie 1975 der Frage nach, warum sich diese Verluste bei verschiedenen Präsidenten unterscheiden.

Als zentralen Erklärungsfaktor sieht er die Popularität des jeweiligen Präsidenten an. Wähler, die unzufrieden sind mit der Arbeit des Präsidenten und seiner Administration, strafen dessen Partei bei den Halbzeitwahlen ab, indem sie nicht den entsprechenden Kongresskandidaten wählen. Eine andere wichtige Variable ist die ökonomische Performanz in dem Jahr vor den Halbzeitwahlen (Tufte 1975: 814). Die gesamtwirtschaftliche Lage beeinflusst das Wahlverhalten bei diesen Wahlen: Ist diese gut, werden eher die Kongresskandidaten der Präsidentschaftspartei gewählt; ist diese schlecht, passiert das Gegenteil. Dahinter steckt die Annahme, dass sich die Leistung des Präsidenten und seiner Administration in der ökonomischen Performanz widerspiegeln würde (Völkl 2009: 30). Diese beiden Faktoren führen schlussendlich zu den Verlusten der Präsidentschaftspartei bei den „Midterm"-Wahlen.

Tuftes empirische Untersuchungen (1975) bestätigten, dass die Midterm-Wahlen ein Referendum über die Arbeitsleistung des Präsidenten und seiner Administration speziell hinsichtlich dessen Wirtschaftspolitik ist. Historisch gesehen ist die wirtschaftliche Lage in Präsidentschaftswahljahren besser als in Midterm-Wahljahren (Tufte 1975: 16). Die Verluste der Präsidentschaftspartei sind geringer, je populärer der Präsident ist bzw. je besser die allgemeine ökonomische Performanz ist. Jedoch bleibt die Frage offen, warum die gesamtwirtschaftliche Lage generell in „on-years"[5] besser sei, als in „off-years"[6]. Dagegen kann die Theorie nach Erikson (1988) nicht bestätigt werden. Auch nach Alensia, Londregan und Rosenthal (1993) hat das wirtschaftliche Wachstum keinen Einfluss auf die Ergebnisse der nationalen Wahlen in den USA.

Problematisch an dem Ansatz ist das Postulat, dass hauptsächlich die wirtschaftliche Lage die Popularität des Präsidenten beeinflusst. Kurzfristige Effekte, welche die „surge-and-decline"-Hypothese thematisiert, fließen in die Beurteilung des Wahlverhaltens der Bürger nicht ein.

Nach Abramowitz, Cover und Norpoth (1986: 574) ist die vergleichende, kurzfristige Bewertung der Parteikompetenzen der beiden großen Parteien über die Lösungen zentraler, nationaler Probleme durch die Wähler eine intervenierende Variable, welche die ökonomischen Performanz und die Präsidentschaftspopularität mit dem Wahlverhalten verbindet. Die Parteiidentifikation stellt eine exogene Einflussvariable dar (*Abbildung 2*).

---

5 Synonym für Präsidentschaftswahljahre
6 Synonym für Midterm-Wahljahre

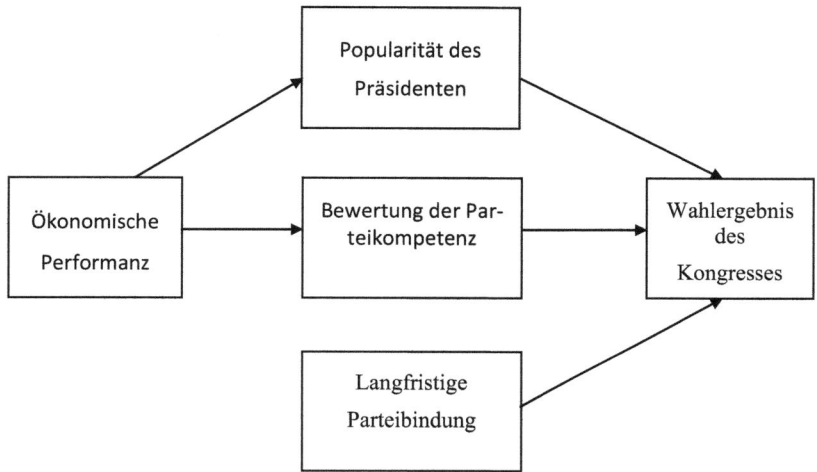

Abbildung 2:Referendumsansatz nach Abramowitz et al. (1986)

Die Wähler stellen sich die Frage, welche der Parteien einen besseren Job bei der Bewältigung der nationalen Probleme macht. Diese Beurteilungen beeinflussen ihr Wahlverhalten bei den Kongresswahlen. In der ersten Midterm-Wahl, nachdem ein neuer Präsident gewählt wurde, geben die Wähler offensichtlich der Präsidentenpartei noch eine gewisse Schonfrist und es kommt zu geringen Verlusten. Jedoch sind die Verluste bei der darauffolgenden Halbzeitwahl für den Präsidenten umso größer, wenn seine Partei das Weiße Haus sechs Jahre oder länger inne hatte (Abramowitz, Cover & Norpoth 1986: 674). Der Grund für diese Verluste der Präsidentenpartei ist, dass die Wähler eine kompetitive Balance zwischen den beiden großen Parteien in nationalen Wahlen aufrechterhalten wollen. Diese Hypothese kann empirisch für die Jahre 1974 und 1982 bestätigt werden, jedoch nicht für 1978 (Abramowitz, Cover & Norpoth 1986).

Auf Deutschland übertragen bedeutet der Ansatz, dass die Popularität des Bundeskanzlers und die gesamtwirtschaftliche Situation Einfluss auf die Landtagswahlen haben: Je höher die Popularität des Bundeskanzlers bzw. je besser die ökonomische Performanz, umso erfolgreicher schneidet die Bundesregierung bei den Landtagswahlen ab. Nach den Ergebnissen von Abramowitz, Cover und Norpoth (1986) würden die Bundesregierungsparteien umso stärker bei Landtagswahlen verlieren, je länger diese das Amt des Bundeskanzlers stellen.

Das „negative-voting"-Modell

Dieses Modell ist eine Weiterentwicklung der Referendumstheorie. Kernell (1977) geht bei diesem Ansatz der Frage nach, ob die Evaluation des Präsidenten bei den Midterm-Wahlen eine Rolle spielt.

Die generelle Annahme ist, dass die Wähler, die mit dem Amtsinhaber und dessen Arbeit unzufrieden sind, eher zu den Halbzeitwahlen gehen als die Personen, die mit dessen Arbeit zufrieden sind (Kernell 1977: 53). So wirken sich negative Stimuli im Vergleich zu positiven eher auf die Wahlentscheidung aus. Aufgrund dieses Wahlverhaltens werden bei den Halbzeitwahlen die Kongressabgeordneten der Präsidentenpartei abgestraft. Dahinter steckt die Annahme des Konsistenzmodells. Dieses besagt, dass ein Bürger nicht zur Wahl geht wenn eine Inkongruenz zwischen seiner Bewertung des Präsidenten und der eigenen Parteiidentifikation existiert (Kernell 1977: 58). In der Geschichte gab es einige Präsidenten, welche verstärkt Wahlkampf bei den Halbzeitwahlen zum Kongress veranstalteten. Wenn nun diese den öffentlichen Schulterschluss mit den Kongressabgeordneten seiner Partei suchen, schadet dies den Parlamentariern mehr, als es ihnen nützt.

Problematisch an dem Ansatz ist, dass die Wähler die Partei des Präsidenten bei den Halbzeitwahlen unabhängig dessen Popularität abstrafen[7].

Empirisch kommt Kernell (1977: 56) zu widersprüchlichen Ergebnissen: Der Zusammenhang zwischen der Wahlbeteiligung bei Midterm-Wahlen und der Popularität des Präsidenten bei Anhängern seiner Partei ist unklar. Dagegen konnte bestätigt werden, dass Gegner des Präsidenten eher zur Wahl gehen. Nach Born (1990) wiederum kann der gesamte Ansatz empirisch widerlegt werden. Auf der anderen Seiten kann das oben genannte Konsistenzmodell bestätigt werden: Wenn die Bewertung des Präsidenten mit der eigenen Parteiidentifikation übereinstimmt, geht man eher zur Wahl und wählt diese Partei, als wenn das nicht der Fall ist (Kernell 1977: 58). .

Auf Deutschland übertragen würde dies bedeuten, dass Wähler, die die Arbeit des Bundeskanzlers und seines Kabinetts negativ evaluieren, bei den Landtagswahlen teilnehmen würden um die entsprechende Partei abzustrafen. Personen, welche die Bundesregierung positiv bewerten, würden eher nicht an der Landtagswahl teilnehmen. Zusätzlich würden nach dem Konsistenzmodell jedoch nur dann die Wähler zur Wahl gehen, wenn ihre Evaluation des Bundeskanzlers mit der eigenen Parteiidentifikation übereinstimmt.

---

7 Siehe Kapitel: Der „presidental penalty"-Ansatz

Der „presidental-penalty"-Ansatz

Der Wahlzyklus in den USA wird vor allem als Resultat eines Sanktionswahlverhaltens verstanden (Hough & Jeffery 2003: 82). Die Wähler strafen die Partei des Präsidenten alleine aus dem Grund ab, dass diese an der Macht ist (Erikson 1988: 1028). Dieses Sanktionieren erfolgt unabhängig von den wahrgenommenen Erfolgen oder Misserfolgen der Regierung oder der Popularität des Präsidenten (Stimson 1976: 1). Allein die Tatsache, dass eine bestimmte Partei den Präsidenten stellt, führt zu diesen Verlusten. Dafür gibt es zwei Erklärungen:

Nach der „balancing"-Theorie sind die Bürger bestrebt ein System von „check-and-balances" durch „ticket-splitting" herzustellen. „Ticket-splitting" bedeutet, dass die Wähler der Präsidentenpartei bei den Midterm-Wahlen der Oppositionspartei ihre Stimme geben, um diese im Kongress zu stärken. Der Begriff „divided government" bezeichnet die daraus resultierende Situation, in welcher die Partei im Kongress die Mehrheit stellt, die nicht den Präsidenten stellt. Es soll ein Gegengewicht zum Präsidenten etabliert werden, damit dessen Macht nicht zu groß wird (vgl. Fiorina 1996; Alesina & Rosenthal 1989, 1995). Dies wird erreicht, indem zwischen dem Kongress und dem Amt des Präsidenten ein System der gegenseitigen Kontrolle und Gleichgewichtung durch Ausbalancierung installiert wird (Nohlen & Schultze 2004: 98). Es handelt sich also um ein strategisches Wahlverhalten von den Personen, welche sich weder zu den Stammwählern der Republikaner noch zu denen der Demokraten zählen, mit dem Ziel moderate Politikentscheidungen zu erhalten.

Die zweite Erklärung stellt das bereits oben beschriebene „negative-voting"-Modell dar.

Problematisch an dem Ansatz ist, dass von einer hohen kognitiven Fähigkeit der Wähler in Hinblick auf ihr strategisches Wahlverhalten ausgegangen wird (Völkl 2009: 36).

Empirisch verifizierte Eriksson den „presidental-penalty"-Ansatz (1988: 1028). Die „balancing"-Theorie kann nach Alesnia, Londregan und Rosenthal (1993) bestätigt werden. Es konnte gezeigt werden, dass es oft zu einer Situation der „divided government" kam. Ob dies jedoch eine Folge bewusster Wählerentscheidungen ist, ist fraglich (Fiorina 1996).

Es ist mehr als fraglich, ob die deutschen Bürger strategisch ein System von „check-and- balances" wählen. Auf Deutschland übertragen würde dies bedeuten, dass die Bürger nicht vorrangig einen neuen Landtag wählen, sondern strategisch ihre Wahl von der Zusammensetzung des Bundesrates abhängig machen würden. Zum einen finden im Gegensatz zu den USA die Landtagswahlen meistens an unterschiedlichen Daten statt. Somit ändern sich in den meisten Fällen bei einer Wahl die Mehrheitsverhältnisse im Bundesrat nicht in dem Maße, dass dieser fortan nicht mehr von den Regierungsparteien, sondern von den Oppositionsparteien dominiert wird.

Die Logik des demokratischen Regierungshandelns

Stimson (1976) geht von einem Zusammenhang zwischen der Popularität des amerikanischen Präsidenten und dessen Abschneiden bei Präsidentschaftswahlen aus. Hudson (1985) überträgt diese Korrelation auf die Regierung in Großbritannien.

Der zyklische Wahlerfolg hängt mit der Logik des demokratischen Regierungshandelns zusammen: Die meisten Regierungen verabschieden unpopuläre Reformen oft am Anfang der Legislaturperiode in der Hoffnung, dass die mittelfristigen positiven Auswirkungen dieser Maßnahmen vor der nächsten Wahl sichtbar werden (Hudson 1985: 175), oder diese Reformen bis dahin wieder in Vergessenheit geraten sind. Somit sinkt die Popularität der Regierung bei der Bevölkerung nach der Wahl. Die Opposition bleibt von diesen sinkenden Zustimmungswerten verschont, da sie in der Regel nicht für diese Entwicklungen verantwortlich gemacht wird (Dinkel 1977: 357). Aufgrund der oben genannten positiven Wirkungen gewinnt die Regierung wieder vor der nächsten nationalen Wahl an Popularität. Wenn es diese positiven Effekte nicht gibt, kann die Regierung kurzfristig immer noch korrigierend eingreifen, indem sie „Wahlgeschenke" verteilt. Falls ein Präsident nicht zum Ende seiner ersten Wahlperiode wieder an Popularität hinzugewinnen kann, wird er nicht wiedergewählt (Stimson 1976: 10f.). Bei den wiedergewählten Präsidenten scheint es nach Stimson so zu sein, dass ihre Popularität am Ende der ersten Amtsperiode höher ist, als am Ende der zweiten.

Studien, welche speziell den Wahlzyklus anhand von politischen Reformen untersuchen, wurden bisher nicht durchgeführt.

Abhängig ist diese Logik des demokratischen Regierungshandelns davon, wie lange die Wähler die Regierungsleistungen im gesamten Verlauf der Legislaturperiode in Erinnerung behalten (Frey 1977: 129). Je nachdem, ob die Wähler gegenwarts- oder vergangenheitsorientiert sind, orientieren sie sich bei der Beurteilung der Regierung entweder an den kurzfristigen Leistungen der Regierung vor der Wahl oder an ihrem Verhalten in der gesamten Legislaturperiode.

Empirische Ergebnisse „deuten darauf hin, dass die Wähler die Vergangenheit recht stark diskontieren" (Frey 1977: 129). Somit beurteilen die Wähler die Parteien vor allem aufgrund ihres Verhaltens während der gesamten Legislaturperiode. Dies bedeutet für die Regierung, dass sie während der gesamten Legislaturperiode eine wählerfreundliche Politik verfolgen sollte. Dies würde der Logik des demokratischen Regierungshandelns widersprechen, da der Zeitpunkt der Einführung unpopulärer Reformen unbedeutend wäre.

Dieser Ansatz lässt sich relativ gut auf Deutschland übertragen. Es ist oft sichtbar, dass unpopuläre Maßnahmen einer Bundesregierung relativ zeitnah nach der Bundestagswahl beschlossen werden. Ein Beispiel ist die Erhöhung der Mehrwertsteuer zum 1. Januar 2007 um 3 %. Bis zur nächsten Wahl zeigte diese Erhöhung ihre positiven Wirkungen: Es kam zu deutlich höheren Einnahmen des Bundes aus der Umsatzsteuer. Des Weiteren hoffte die Regierung, dass die Wähler diese unpopulären Maßnahmen bis zur nächsten Wahl wieder vergessen haben. Am Beispiel der Mehrwertsteuererhöhung ist jedoch zu klären, ob die finanzpolitisch positiven Effekte die negativen Folgen für den einzelnen Bürger überlagern. Zudem spielt in diesem Zusammenhang die Ankündigung der SPD vor der Bundestagswahl 2005 eine Rolle, welche im Gegensatz zur Union diese Steuererhöhung ausgeschlossen hatte. Theoretisch jedoch ließe sich der Popularitätszyklus der Bundesregierung gut erklären: Aufgrund von unpopulären Maßnahmen nach der Wahl, sinkt die Popularität der Bundesregierung, welche aufgrund von positiven Auswirkungen der getroffenen Maßnahmen und der Vergesslichkeit der Wähler bis zur nächsten Wahl wieder ansteigt. Dieser Popularitätszyklus wirkt sich auf das Abschneiden der Regierungsparteien bei den Landtagswahlen aus.

Modell des „political-business-cycle" (PBC)

Ein weiteres Modell ist der „political-business-cycle" (PBC) (vgl. Frey & Benz 2002; Nordhaus 1975; Person & Tabellini 2003). Ähnlich der Referendumstheorie wird die Regierung für die gesamtwirtschaftliche Lage verantwortlich gemacht. Da sich die Regierung dieser Abhängigkeit bewusst ist, versucht sie vor allem bei niedrigen Umfragewerten vor einer nationalen Wahl durch wirtschaftspolitische Maßnahmen ihre Wiederwahlchancen zu erhöhen. So sinkt zu diesem Zeitpunkt die Arbeitslosigkeit (Nordhaus 1975: 184). Diese Maßnahmen haben zur Folge, dass die Inflation vor der Wahl steigt, und es danach zu einer Rezession kommt (Burkhart 2005: 8). Die Folge ist eine steigende Arbeitslosigkeit (Nordhaus 1975: 184). Darauf sinkt wieder die Beliebtheit nach der Wahl.

Kritisch an dem Ansatz ist die starke Fokussierung auf die ökonomische Performanz. Andere mögliche Einflussfaktoren auf die Popularität der Regierung werden nicht betrachtet.

Neben Berger und Woitek (1997) kann die Hypothese auch nach Alesnia und Roubinbi (1990) anhand der Daten von 1960 bis 1990 in 18 OECD Staaten falsifiziert werden.

Auf Deutschland übertragen würde dies bedeuten, dass die Bundesregierung durch ihre Wirtschaftspolitik die gesamtwirtschaftliche Situation so beeinflusst, dass ihre Popularität vor der Bundestagswahl steigt und danach sinkt. Diese Popularitätskurve wirkt sich auf das Abschneiden bei den Landtagswahlen aus.

„Second-order" Wahlen

Reif und Schmitt (1980: 8) unterscheiden bei ihrer Analyse der Wahlen zum Europäischen Parlament zwischen „first-" und „second-order" Wahlen: „First-order" Wahlen sind nationale Parlamentswahlen in parlamentarischen Systemen und nationale Präsidentschaftswahlen in präsidentiellen Systemen. Dagegen werden beispielsweise die Wahlen zum Europäischen Parlament als „second-order" Wahlen bezeichnet, welche verschiedene Merkmale aufweisen: Der wichtigste Aspekt ist die Wahrnehmung der Bürger, dass bei diesen Wahlen „weniger auf dem Spiel" stehen würde.

Sie nennen dies die „less-at-stake" Dimension (Reif & Schmitt 1980: 9). Daraus resultiert eine allgemein geringere Wahlbeteiligung. Dies liegt zum einen an der geringeren wahrgenommenen Bedeutung der Wahl für die Bürger. Diese Wahrnehmung gilt ebenfalls für Spitzenpolitiker, Parteimitglieder und Journalisten. Die Folge ist ein verhaltener Wahlkampf, der eine geringe Mobilisierung zur Folge hat. Eine andere Annahme ist, dass der Anteil der ungültigen Stimmen höher ist. Die Unzufriedenheit mit den Parteien und deren Kandidaten bei der Bundestagswahl wird durch ein Ungültigmachen des Wahlscheins bei der „second order" Wahl ausgedrückt. Auf der anderen Seite bringen diese zweitrangigen Wahlen ein anderes Wahlverhalten und somit ein anderes Wahlergebnis mit sich: Aufgrund der geringeren Bedeutsamkeit wählen die Stimmberechtigten kleine oder neue politische Parteien, welche ihrer politischen Meinung am nächsten ist (Reif & Schmitt 1980: 9). Bei bedeutsameren Wahlen unterstützen diese eher große, etablierte Parteien, welche eher ihrer generellen politischen Richtung entsprechen.

Ein anderes Merkmal ist die „specific-arena" Dimension (Reif & Schmitt 1980: 10), nach der die Politik der Parteien in dem spezifischen Bereich, in dem die jeweilige „second-order"-Wahl abgehalten wird, eine Rolle spielt. Die politischen und institutionellen Umstände der jeweiligen politischen Arena, die Kandidaten, die Programme, die Parteien und ihre Positionierungen in bestimmten Politikbereichen, sind zu berücksichtigen. Diese Umstände variieren stark von Arena zu Arena und von Land zu Land in Europa. Im Hinblick auf die Beziehung der beiden Wahlebenen ist von Bedeutung, ob dieselben Parteien gegeneinander antreten oder nicht. Falls dies nicht der Fall ist, kann angenommen werden, dass es weniger komplexe Verbindungen gibt. Wenn dieselben Parteien an der Macht sind, wird angenommen, dass diese relativ gesehen weniger an Stimmen verlieren. Zudem ist zu berücksichtigten, ob auf den beiden Ebenen gleiche Koalitionen existieren. Veränderungen von Koalitionen auf der Hauptebene werden oft erst auf der „second-order"-Ebene getestet. Des Weiteren wird die generelle politische Rolle der Parteien in der spezifischen Arena auf der unteren Ebene oft geringer akzeptiert.

Eine weitere Dimension sind institutionelle-prozedurale Strukturen, die sich ebenfalls oft zwischen den Ebenen und zwischen den europäischen Ländern unterscheiden. So ist beispielsweise die Wahlbeteiligung davon abhängig, ob es Sanktionen bei einer Nichtwahl gibt oder nicht (Reif & Schmitt 1980: 12). Es wird zudem erwartet, dass mehr Bürger zu den Europawahlen gehen, wenn diese am selben Tag wie die nationale Wahlen abgehalten werden. Aufgrund der Popularitätskurve der Regierung sind die Verluste der nationalen Regierungsparteien geringer, je näher „first-" und „second-order"-Wahlen zeitlich beieinander liegen.

Des Weiteren sind Kampagnen der Parteien und der Kandidaten bei zweitrangigen Wahlen wichtiger als bei erstrangigen. Die nationale Wahl steht generell mehr im Fokus der Öffentlichkeit, der Medien und auch der Wähler. Die Kampagnen der „second-order"-Wahlen über politische Sachfragen müssen die Wähler von deren Wichtigkeit und Relevanz überzeugen. Dabei wird zwischen den verschiedenen Erwartungen über die Wahlbeteiligung der Parteien unterschieden: Wenn eine Partei ein besseres Ergebnis bei einer niedrigen Wahlbeteiligung erwartet, wird sie weniger Geld und Anstrengungen für Mobilisierungskampagnen ausgeben als im umgekehrten Fall (Reif & Schmitt 1980: 14).

Bei der Analyse der zweitrangigen Wahlen muss auch der reale Wandel in der Verteilung der Parteipräferenz, unabhängig der Popularitätskurve, berücksichtigt werden. Diese Präferenzen können sich mit einem politischen bzw. ökonomischen Wandel ändern (Reif & Schmitt 1980: 14). Neben diesem Wandel in der politischen Hauptarena spielt auch sozialer und kultureller Wandel eine Rolle und beeinflussen, für die ein oder andere spezielle Wahl, den Wahlausgang. Jedoch ist eine Veränderung in der Sozialstruktur oder in der Kultur großteils unabhängig vom Ergebnis. Da politische Parteien sehr oft auf sozioökonomischen und kulturellen Gruppen basieren, kann ein Wandel in diesem Bereich besonders dann zu einem Wandel des Musters der Parteienunterstützung der Wähler führen, wenn Parteien es nicht schaffen diese neuen Umstände aufzunehmen und entsprechend zu reagieren.

Reif sieht die Ursache für den Wahlzyklus in dem allgemeinen politischen „Klima in der Nation zur Zeit der zweitrangigen Wahl" (1985: 8). Der Popularitätszyklus wirkt sich, wie bereits beschrieben, negativ auf das Stimmergebnis der Regierungsparteien bei zweitrangigen Wahlen aus: Aufgrund der Popularitätsverluste der Regierungsparteien während der Legislaturperiode, welche sich negativ auf die Mobilisierung ihrer Wähler bei den zweitrangigen Wahlen auswirken, fällt die relativ stärkere Mobilisierung der unzufriedenen Wähler der Oppositionsparteien stärker ins Gewicht. Nach Reif und Schmitt (1980) sind einige Wähler unzufrieden mit bestimmen Politikbereichen der Regierung. Andere Wähler wollen die Regierung durch ihre Stimme für die Opposition unter Druck setzen, obwohl sich ihr Parteizugehörigkeitsgefühl nicht fundamental geändert hat.

Es ist schwierig, alle Dimensionen anhand von Daten in einer Studie zu untersuchen, da das Modell sehr umfassend ist. So ist beispielsweise ein möglicher sozialer oder kultureller Wandel relativ schwierig zu operationalisieren.

Dennoch kann dieses Konzept der zweitrangigen Wahlen für die Wahlen zum Europäischen Parlament im Großen und Ganzen empirisch belegt werden (Reif und Schmitt 1980; Marsh 1998).

Nach der „less-at-stake" Dimension sind Landtagswahlen dann zweitrangige Wahlen, wenn diese im Vergleich zu Bundestagswahlen in der Wahrnehmung der Wähler als weniger bedeutsam angesehen werden. Eine geringere Wahlbeteiligung und eine Zunahme der ungültigen Stimmen wäre die Folge. Zudem gingen die kleineren Parteien gestärkt aus Landtagswahlen hervor. Größere Parteien würden eher bei der Bundestagswahl gewählt werden. In der Öffentlichkeit, unter den Medien und Journalisten, läge der Fokus klar auf der nationalen Ebene. Natürlich spielen auch landesspezifische Faktoren bei den Landtagswahlen eine Rolle. Diese können politischer Art aber auch institutioneller Natur sein: Das Wahlrecht variiert zwischen den einzelnen Bundesländern, und es variiert im Vergleich zu dem der Bundestagswahl. So gibt es zum Beispiel bei den baden-württembergischen Landtagswahlen eine personalisierte Verhältniswahl ohne Parteilisten: Jeder Wähler hat nur eine Stimme; der Großteil der Mandate wird nach dem relativen Mehrheitswahlrecht in den Wahlkreisen verteilt; die restlichen Mandate werden in der Reihenfolge der Stimmenzahlen im Wahlkreis an die unterlegenen Wahlkreiskandidaten vergeben; Ausgleichsmandate werden regierungsbezirksweise verteilt. Durch diese Regelung ist es für den Bürger schwieriger strategisch zu wählen. Bei den Landtagswahlen in Schleswig Holstein gibt es im Gegensatz zu den anderen Ländern und zum Bund eine Ausnahmeregelung für eine Partei hinsichtlich der Fünf-Prozent-Regelung: Als Partei der dänischen Minderheit ist der Südschleswigsche Wählverband (SSW) seit 1995 von der Fünf-Prozent-Hürde befreit. Dies könnte zu Folge haben, dass diese Partei eher gewählt wird, als wenn es eine Sperrklausel geben würde. Bei der Bundestagswahl hat jeder Wahlberechtigte zwei Stimmen: Mit der Erststimme wird nach dem relativen Mehrheitswahlrecht der Direktkandidat eines Wahlkreises gewählt; mit der Zweitstimme wird nach dem Verhältniswahlrecht der Anteil der Bundestagssitze einer Partei bestimmt. Zudem gab es bei der letzten Bundestagswahl 2009 Überhangmandate. Somit ist es bei diesem Wahlsystem leichter möglich, strategisch zu wählen. Insgesamt wirken sich diese Unterschiede in den Wahlsystemen somit auf das Wahlverhalten der Bürger aus.

Natürlich spielt auch die Beliebtheit des Ministerpräsidenten, oder beispielsweise die Bekanntheit seines Herausforderers, die Landesparteien sowie ihre Programme und Positionierungen eine Rolle. Zudem sind die Koalitionskonstellationen zu berücksichtigen, ob die Koalitionen auf Bundes- und Landesebene sich entsprechen. Am Beispiel der Partei Die Grünen wird sichtbar, dass Koalitionen mit der SPD zuerst auf Landesebene getestet wurden. Im Oktober 1985 kam es zur ersten rot-grünen Koalition auf Landesebene unter dem SPD-Ministerpräsidenten Holger Börner in Hessen. In den folgenden Jahren wurden in weiteren Ländern rot-grüne Bündnisse beschlossen, bis es 1998 zur ersten rot-grünen Bundesregierung unter dem Bundeskanzler Gerhard Schröder (SPD) kam. Von 1994 bis 2002 wurde eine SPD-Minderheitsregierung unter Reinhard Höppner von der PDS bzw. der Partei Die Linke toleriert. 1998 kam es zur ersten rot-roten Landesregierung der Bundesrepublik Deutschland unter dem Ministerpräsidenten Harald Ringstorff (SPD) in Mecklenburg-Vorpommern. Weitere rot-rote Bündnisse folgten in Berlin und seit 2009 in Brandenburg. Diese Landesregierungen können auch als Test für mögliche, zukünftige rot-rote bzw. rot-rot-grüne Koalitionen im Bund gesehen werden.

Nach der „second-order"-Theorie sind Kampagnen der Parteien und Kandidaten bei Landtagswahlen wichtiger als bei Bundestagswahlen. Da der öffentliche Fokus bei den Bundestagswahlen größer ist, müssen die Landesparteien- und Kandidaten durch Kampagnen über politische Sachfragen die Bedeutsamkeit der Landtagswahl herausstellen. Diese Mobilisierungskampagnen sind umso umfangreicher, je höher die Erwartung ist, dass dieser Partei eine höhere Wahlbeteiligung nutzt. Dies ist oft der Fall, wenn ein Ministerpräsident einer Partei hohe Popularitätswerte in Umfragen aufweisen kann.

Auch ist natürlich ein politischer, sozialer oder kultureller Wandel in der Gesellschaft ein Faktor, den es für die Parteien bei Bundes- und Landtagswahlen zu berücksichtigen gilt. So kann ein Wandel in der ökonomischen Performanz zu einem politischen Wandel führen. Des Weiteren sind die Entstehung oder Verschiebung von sozialen Milieus von den Parteien zu berücksichtigen.

Der „sincere-voting"-Ansatz

Wie die Balancing-Theorie geht auch der „sincere-voting"-Ansatz von einem strategischen Wahlverhalten aus. Voraussetzung für dieses Modell ist die Existenz eines Mehrparteiensystems (Völkl 2009: 35). Entsprechend der Theorie der „second-order"-Wahlen wird angenommen, dass aufgrund der geringeren Bedeutsamkeit bei Nebenwahlen „aufrichtig" gewählt wird (Völkl 2009: 36): Es wird je nach Parteipräferenz entschieden. Bei den nationalen Wahlen wird strategisch abgestimmt: Falls die Wähler den Eindruck haben, dass ihre bevorzugte Partei keine Chancen auf den Einzug in das Parlament hat, wählen sie eine größere.

Jedoch ist das strategische Wählen auch umgekehrt möglich: Es wird für eine weniger präferierte kleine Partei gestimmt, damit diese die Sperrklausel überwindet und eine gewünschte Koalition zustande kommt (Völkl 2009: 35).

Empirisch konnte gezeigt werden, dass kleinere Parteien bei Europawahlen, welche als Nebenwahlen gelten, bessere Ergebnisse als bei nationalen Parlamentswahlen erzielen, während größere Parteien an Stimmen verlieren (vgl. Marsh 1998: 593).

Problematisch an der Theorie ist, dass sie nur die unterschiedlichen Ergebnisse der kleinen bzw. großen Parteien bei Bundes- bzw. Landtagswahlen erklärt. Es wird keine Aussage über den Verlust der Regierungsparteien getroffen.

Auf Deutschland lässt sich dieser Ansatz gut übertragen: Bei Landtagswahlen schneiden kleine Parteien vergleichsweise besser ab als die Volksparteien. Jedoch erklären mögliche Verluste der großen Parteien bei Landtagswahlen aufgrund des aufrichtigen Wählens nur dann den Wahlzyklus, wenn eine große Koalition im Bund existiert. Dies war zwischen 2005 und 2009 der Fall. Des Weiteren ist festzustellen, dass das strategische Wählen auch auf Landesebene stattfindet: So machte bei der Landtagswahl im Saarland 2009 die SPD auch Wahlkampf für die Grünen, da deren Einzug laut Umfragen als nicht sicher galt.[8] Ziel war eine rot-rot-grüne Koalition.

Ansatz der ebenenspezifischen Policy-Präferenzen

Nach dieser Theorie halten die Bürger die Parteien in unterschiedlichen politischen Bereichen für kompetent und wählen so einen Präsidenten der Republikaner, aufgrund dessen Finanzpolitik, und einen demokratischen Kongressabgeordneten, da dieser eine bessere Arbeitsmarktpolitik macht (Völkl 2009: 36). Die Folge ist eine Situation einer „divided government".

---

8   http://www.sueddeutsche.de/politik/237/490611/text

Die Frage bleibt offen, wann ein Demokrat bzw. ein Republikaner zum Präsidenten gewählt wird. Die Wähler müssten die Bedeutsamkeit ihrer Policy-Präferenzen wechseln, damit es zu einem Amtswechsel im Weißen Haus kommen könnte.

Theoretisch ist dieser Ansatz auch auf das deutsche System übertragbar. Für die verschiedenen deutschen Parteien nehmen die Wähler unterschiedliche Kernkompetenzen wahr. Je nach Aktualität bzw. wahrgenommener Bedeutsamkeit bestimmter Politikfelder, könnte es so zu einem unterschiedlichen Wahlverhalten auf den verschiedenen Ebenen kommen.

Probleme der Übertragbarkeit auf Deutschland

Die Übertragung der erwähnten Erklärungsansätze der Midterm-Wahlen ist genau genommen nicht ohne weiteres auf Deutschland möglich. Gründe sind die unterschiedlichen politischen Systeme und die Systembedingungen. Der amerikanische Präsident und der Kongress agieren beide auf der nationalen Ebene, obwohl die Abgeordneten des Kongresses in den einzelnen Bundesstaaten gewählt werden. Dagegen wählen die Bürger in Deutschland bei Landtagswahlen nicht primär die Zusammensetzung des Bundesrates, sondern sie wählen eine Regierung auf Landesebene (Völkl 2009: 37). Das Verhältnis zwischen Bundestags- und Landtagswahl würde eher dem Verhältnis zwischen Präsidentschafts- und den Gouverneurswahlen entsprechen. Darauf beziehen sich jedoch die bereits genannten Erklärungsansätze nicht.

Trotzdem wird bei der Betrachtung des deutschen Falls sichtbar, dass das Phänomen „Wahlzyklus" auch in Deutschland existiert. Ob und wenn ja welche amerikanische Erklärungsansätze auch für den deutschen Fall bestätigt werden können, bleibt noch zu klären.

Zwischenfazit

Übertragen auf das deutsche System gehen die erwähnten Ansätze zusammengefasst von folgenden Annahmen aus:

Nach dem „coattail"-Ansatz wirkt sich die Popularität der Bundeskanzlerin besonders positiv auf Landtagswahlen aus, wenn diese zeitgleich mit Bundestagswahlen stattfinden. Grund ist die höhere Wahlbeteiligung bei dieser Landtagswahl.

Bei der „surge-and-decline"-Hypothese spielt ebenfalls die Wahlbeteiligung die zentrale Rolle, welche aufgrund der höheren Politisierung und Mobilisierung bei Bundestagswahlen höher ist als bei Landtagswahlen. Dieser Unterschied geht auf Kosten der Bundesregierung.

Der Referendumstheorie zufolge ist die Popularität der Bundeskanzlerin abhängig von der gesamtwirtschaftlichen Situation. Je besser diese ist, umso erfolgreicher schneiden auch die Regierungsparteien bei Landtagswahlen ab. Werden die Ergebnisse von Abramowitz, Cover und Norpoth (1986) auf das deutsche System übertragen, müsste die Partei der Bundeskanzlerin zunehmend an Stimmen bei Landtagswahlen verlieren, je länger diese im Amt ist.

Nach dem „negative-voting" Modell nehmen nur die Personen an Landtagswahlen teil, welche unzufrieden mit der Bundesregierung sind, um diese abzustrafen.

Aufgrund der alleinigen Tatsache, dass die Bundeskanzlerin an der Macht ist, wird deren Partei bei den Landtagswahlen nach dem „presidental-penalty"-Ansatz abgestraft. Ziel der Wähler ist, dass zwischen dem Bundestag und Bundesrat ein System von „check-and-balances" entsteht.

Nach der Logik des demokratischen Regierungshandelns verliert die Bundesregierung zyklisch bei Landtagswahlen, da unpopuläre Reformen zu Beginn einer Amtsperiode durchgeführt werden, damit diese vor der nächsten Bundestagswahl wieder vergessen sind, oder sich bis dahin positive Wirkungen zeigen.

Da die Bürger, ähnlich wie bei der Referendumstheorie, die Regierung anhand der ökonomischen Performanz beurteilen, versucht diese nach dem Modell des „political-business-cycle" mittels wirtschaftspolitischer Maßnahmen vor Bundestagswahlen die Wirtschaft zu beleben. Die Folge ist eine Rezession in der Nachwahlphase, welche zu Verlusten bei den folgenden Landtagswahlen führt.

Als „second-order"-Wahlen bezeichnen Reif und Schmitt (1980) Landtagswahlen. Da bei diesen Wahlen weniger auf dem Spiel steht, sinkt z.B. die Wahlbeteiligung. Zudem ändert sich das Wahlverhalten zuungunsten der Regierungsparteien.

Ähnlich dazu geht der „sincere-voting"-Ansatz davon aus, dass die Bürger bei den Landtagswahlen im Gegensatz zu den Bundestagswahlen entsprechend ihrer Parteipräferenz wählen. Dieses führt zu Verlusten der großen Parteien bei den Wahlen auf Landesebene.

Dagegen weisen die Bürger nach dem Modell der ebenenspezifischen Policy-Präferenzen den verschiedenen Parteien bestimmte Kompetenzen auf unterschiedlichen, politischen Gebieten zu. Somit unterscheidet sich das Wahlverhalten auf Bundes- und Landesebene.

Stand der Forschung in Deutschland

Die meisten deutschen Untersuchungen über den Einfluss der Bundespolitik auf Landtagswahlen beziehen sich auf einen der bisher genannten theoretischen Ansätze. Im folgenden Abschnitt werden die Ergebnisse verschiedener empirischer Studien zusammengefasst. Im Zentrum dabei steht die Analyse der Landtagswahlen hinsichtlich ihres zyklischen Verlaufs der Verluste der Bundesregierungsparteien über eine Legislaturperiode hinweg. Zudem wird der Zusammenhang dieses Wahlzykluses mit der Popularität der Regierung untersucht, eine mögliche Veränderung durch die deutsche Wiedervereinigung thematisiert und der Einfluss der gesamtwirtschaftlichen Situation bzw. der Wahlbeteiligung empirisch analysiert.

Studien zu den Zeitvariablen und der Popularität

Allgemein konnte in vielen verschiedenen empirischen Studien deskriptiv belegt werden, dass die Parteien der Bundesregierung bei den Landtagswahlen im Vergleich zu den Bundestagswahlen, bezogen auf das jeweilige Bundesland, prozentual schlechter abschneiden (vgl. Dinkel 1977; Burkhart 2005, 2008).

Qualitative Untersuchungen

Erste qualitative Studien, welche sich mit dem Zusammenhang der Bundespolitik mit den Landtagswahlergebnissen beschäftigten, führten Kaack (1974) und Fabritius (1978, 1979) durch. Kaack untersuchte vor allem die Auswirkungen der Landtagswahlen zwischen 1970 und 1972 auf die Mehrheitsverschiebung im Bundestag[9]. Fabritius stellt eine „Wechselwirkung zwischen Bundespolitik und Landtagswahlen" (1978: 107) fest, wobei er die Landtagswahlen als bundespolitische Stimmungstests ansieht, welche die Funktion eines „Quasi- bzw. Pseudo-Plebiszites" (1978: 164) besitzen. Insgesamt konstaniert er eine schwindende Bedeutung der Landespolitik in der Wahrnehmung der Wähler.

Quantitative Untersuchungen

Die erste quantitative Analyse, die detaillierter den Wahlzyklus über einen längeren Zeitraum bestätigte, führte Dinkel (1977) durch. Datengrundlage waren 67 Landtagswahlen von 1949 bis 1976. Diese Untersuchung kann als „Pionierstudie" (Völkl 2009: 258) zu dieser Thematik verstanden werden und führte dazu, dass der Zyklus auch als „Dinkelkurve" bezeichnet wird. Dinkel stellt bei seinen

---

9 siehe Kapitel: „Koalition auf Bundesebene"

Analysen fest, dass die Parteien relativ an Stimmen verlieren, die zum Zeitpunkt einer Landtagswahl die Bundesregierung stellen. Dabei spielt es keine Rolle ob diese im entsprechenden Bundesland in der Regierung oder in der Opposition sind. Die relativen Stimmverluste werden auf Basis erwarteter Stimmanteile zum Zeitpunkt der Landtagswahl berechnet.

Als Beispiel für die Berechnung der erwarteten Stimmanteile wird von den in *Tabelle 1* dargestellten fiktiven Ergebnissen ausgegangen, welche Bundesregierungsparteien zusammengenommen in einem Bundesland erzielten.

Tabelle 1: *Beispiel für die Berechnung eines erwarteten Stimmanteils der Bundesregierungsparteien in einem Bundesland zum Zeitpunkt der Landtagswahl*

	Anteil bei der BTW 2005(in %)	Anteil bei der BTW 2009 (in %)	erwarteter Stimmanteil zum Zeitpunkt der LTW (in %)
CDU/CSU +SPD	50	40	45

Quelle: eigene Berechnungen

Es wird somit erwartet, dass die Bundesregierung 45 Prozent bei einer Landtagswahl erreicht, da der Durchschnitt der vorherigen und folgenden Bundestagswahlen in diesem Bundesland bei diesem Wert liegt. Diese erwarteten Stimmanteile zum Zeitpunkt der Landtagswahl werden in das prozentuale Verhältnis zu dem tatsächlichen Landtagswahlergebnis gesetzt. Das Ergebnis ist der relative Stimmanteil dieser Parteien in einem Bundesland *(Tabelle 2)*.

Tabelle 2: Beispiel für die Berechnung der relativen Stimmanteile der Bundesregierungsparteien in einem Bundesland zum Zeitpunkt der Landtagswahl

	Anteil bei der LTW (in %)	erwarteter Stimmanteil zum Zeitpunkt der LTW (in %)	relativer Stimmanteil zum Zeitpunkt der LTW (in%)
CDU/CSU+ SPD	40,5	45	90

Quelle: eigene Berechnungen

Da die Differenz zwischen dem erwarteten und dem wahren Stimmanteil bei der Landtagswahl 10 Prozentpunkte beträgt, liegt der relative Stimmanteil in diesem Bundesland bei 90 Prozent. Inhaltlich bedeutet dies, dass die Parteien der Bundesregierung bei der Landtagswahl relativ an Stimmen verloren haben. Sie haben bei der Landtagswahl weniger Stimmen erhalten, als sie hätten erwarten können, „wenn das Ergebnis der Landtagswahl genau den Trend in der Entwicklung der Stimmverhältnisse bei Bundestagswahlen in diesem Bundesland widerspiegeln würde (Dinkel 1977: 349)".

Es zeigt sich, dass bei 65 der 67 untersuchten Landtagswahlen die Parteien der jeweiligen Regierungskoalition weniger Stimmen auf sich vereinen konnten, „als es dem Trend der Bundestagswahlen in den gleichen Bundesländern entsprochen hätte" (Dinkel 1977: 349). Der Durchschnitt der „relativen" Stimmen beträgt 88,3 Prozent. Dies bedeutet, dass die Regierungsparteien bei den Landtagswahlen tatsächlich 88,3 Prozent der erwarteten Stimmen erhalten. Somit konnten die vermuteten Verluste der Bundesregierung bei den Landtagswahlen im Bezug zu den Bundestagswahlen bestätigt werden. Dennoch bleibt zu prüfen, ob diese nach einem u-förmigen Zyklus verlaufen. Dazu wurde eine Regressionsanalyse mit folgender Gleichung durchgeführt:

relative Stimmen = $a - bt + ct^2$ (Dinkel 1977: 350); wobei (t) die Anzahl der seit der letzten Bundestagswahl vergangenen Monate ist. Durch den negativen Term bt sinken die Stimmanteile solange, bis der positive quadrierte Zeitfaktor (ct^2) die Stimmanteile wieder steigen lässt. Der Faktor (a) steht für den zu erwartenden Stimmanteil unabhängig vom Zeitpunkt der Landtagswahl. Wenn die Koeffizienten (b) und (c) Null sind, wären die relativen Stimmen unabhängig vom Wahlzyklus.

Empirisch konnte die oben genannte Regressionsgleichung bestätigt werden. Zudem waren die Variablen signifikant (Dinkel 1977: 351). Dieses zyklische Modell der Stimmentwicklung hängt mit der Regierungspopularität zusammen: Nach der Wahl steigt diese Popularität aufgrund einer in Umfragen nachgewiesenen „Nachwahleuphorie" (Dinkel 1977: 351) sogar für kurze Zeit über das tatsächliche Bundestagswahlergebnis. Danach nimmt die Popularität kontinuierlich ab. Den Grund für die stetige Abnahme der Popularität nach dieser Phase sieht Dinkel (1977: 356) darin, dass die Wähler die Regierung für die wirtschaftliche und politische Entwicklung verantwortlich machen, sobald die Regierung anfängt, ihr Programm in die Praxis umzusetzen. Da jede politische Reform nie zum Vorteil aller Bürger ist, kommt es zu „lautstarkem Protest" (Dinkel 1977: 356), von welchem sich auch die Gewinner dieser Reform anstecken lassen. Vor allem Wähler mit geringer Parteibindung werden nach Dinkel von dieser allgemeinen negativen Stimmungslage beeinflusst (1977: 357). Die Folge ist eine sinkende Popularität der Bundesregierung, welche sich auf das Wahlverhalten der Bürger bei untergeordneten Wahlen wie Landtagswahlen auswirkt, da diese im Vergleich zu den Bundestagswahlen unbedeutender sind. Auch die Stammwähler machen von dieser Art des Protestes Gebrauch: Bei größerer Unzufriedenheit wählen sie eine Oppositionspartei, während sie bei einem geringeren Unmut gar nicht zur Wahl gehen (Dinkel 1977: 357).

In der Mitte der Legislaturperiode ist das Minimum erreicht und erst kurz vor der nächsten Wahl steigen diese Popularitätswerte auf ein ähnliches Niveau wie bei der letzten Wahl. Übertragen auf die Landtagswahlergebnisse bedeutet dies, dass das Abschneiden der Regierungsparteien bei Landtagswahlen insbesondere vom Zeitpunkt der Wahl innerhalb der Legislaturperiode abhängt (Dinkel 1977: 351): Am Anfang und am Ende der Legislaturperiode schneiden die Regierungsparteien bei Landtagswahlen besser ab. Je weiter diese von den Bundestagswahlen zeitlich entfernt stattfinden, umso schlechter sind die Ergebnisse der Bundesregierungsparteien bei Landtagswahlen. Jedoch spielt auch der „Amtsbonus" (Dinkel 1977: 351) der Ministerpräsidenten beim Abschneiden der Partei eine gewisse Rolle. Zudem ist sichtbar, dass die Regierungsparteien in Hochburgen relativ gesehen weniger verlieren im Vergleich zu Ländern, in denen sie traditionell schwach sind. Als Hochburg wird ein Land bezeichnet, in dem eine Partei bei mehreren Bundestagswahlen ein bestimmtes überdurchschnittlich gutes Ergebnis erreicht bzw. überschreitet. Oft stellt diese Partei in diesen Ländern auch den Ministerpräsidenten. In Ländern, in denen die Regierungsparteien ohnehin relativ wenig Stimmen auf sich vereinen können, sind die Verluste bei den Landtagswahlen umso größer. Bei den Bundestagswahlen wiederum spielen Parteienbindungen eine größere Rolle und es geht um grundsätzliche Fragen. Kurzfristige Aspekte spielen eine unbedeutendere Rolle.

Es zeigt sich somit, dass Dinkels Erklärung Ähnlichkeiten mit der Logik des demokratischen Regierungshandelns aufweist. Fünf vereinfachte Annahmen liegen Dinkels Modell zugrunde (1977: 351f.):

1. Die verschiedenen Regierungskoalitionen werden gleich behandelt. Es gibt keine parteispezifischen Unterschiede.
2. Alle politischen Ereignisse auf Landes- oder Bundesebene zum Zeitpunkt der Landtagswahl werden nicht betrachtet.
3. Die Stadtstaaten und die Flächenstaaten werden gleichbehandelt, obwohl sich diese zum Beispiel bei der Sozialstruktur deutlich unterscheiden.
4. Einflüsse der Persönlichkeit der Landespolitiker, wie z.b. eine hohe Popularität, werden nicht beachtet.
5. Die ökonomische Performanz und deren mögliche Auswirkung auf das Wahlverhalten werden nicht betrachtet.

Burkhart replizierte diese Studien mit Landtagswahldaten von 1976 bis 2002, wobei sie bei der Berechnung der relativen Stimmanteile für ihre Regressionsanalyse die Landtagswahlergebnisse nur in Beziehung zu den vorherigen Bundestagswahlergebnisse setzt (2005: 29). Bei 83 von 89 Landtagswahlen zwischen 1977 und 2002 lag der relative Stimmanteil der Bundesregierungsparteien ebenfalls unter 100 Prozent. Dabei ist zu berücksichtigen, dass bei zwei der sechs Ausnahmefälle die Landtagswahl und die Bundestagswahl am selben Datum stattfanden. Im Durchschnitt lag der berechnete Anteil bei 85 Prozent (Burkhart 2008: 41). Auch Dinkels Wahlzyklus konnte von 1976 bis 1990 bestätigt werden. Nach der Wiedervereinigung sank jedoch die Erklärungskraft des zyklischen Modells erheblich. Insgesamt jedoch ist ihrer Meinung nach die Terminierung der Landtagswahl innerhalb der nationalen Legislaturperiode weiterhin ein wichtiger Erklärungsfaktor für das Abschneiden der Bundesregierungsparteien (Burkhart 2005: 17).

In einer weiteren Untersuchung erweiterte Burkhart (2008) den Zeitraum bis 2005. Sie kommt zu dem Ergebnis, dass vor allem die Popularität der Regierungsparteien entscheidend ihr Landtagswahlergebnis beeinflusst (2008: 61). Zudem testete sie verschiedene Erklärungsansätze: Die Annahmen des „coattail"-Ansatzes und der „surge-and-decline"-These über das Abschneiden der an der Regierung beteiligten Parteien konnten nicht bestätigt werden (Burkhart 2008: 48f.). Dagegen schneidet die Opposition bei der Untersuchung der „check-and-balances"-Hypothese wie erwartet signifikant besser ab, wenn eine Regierungsmehrheit im Bundesrat existierte. Jedoch sind die Stimmenverluste für die Regierung in diesen Fällen nicht signifikant.

Burkharts Ergebnisse widerlegen somit den auf Deutschland übertragenen „presidental-penalty"-Ansatz, nach welchem kein Zusammenhang zwischen der Popularität der Regierung und deren Abschneiden bei den Landtagswahlen existiert.

Deutsche Wiedervereinigung

Unterschiede gibt es in der Einschätzung des Wahlzykluses nach der deutschen Wiedervereinigung. Nach Jeffery und Hough (2001, 2003) kann dieser bis 1990 bestätigt werden, doch danach profitiert die große Oppositionspartei bei Landtagswahlen seltener von den zyklischen Verlusten der großen Partei innerhalb der Bundesregierung. Dagegen können vor allem die kleinen Parteien bei diesen Wahlen in der Mitte der Legislaturperiode Gewinne verzeichnen. Interpretiert wird dies als ein Anzeichen einer „gestiegenen territorialen Heterogenität der Bundesrepublik nach 1990" (Hough & Jeffery 2003: 87).

Neue territoriale Cleavages zwischen den alten und neuen Bundesländern sowie ein stärker werdender Verteilungskampf unter den alten Bundesländern sind die Folge. Dadurch entstehen territoriale Landesinteressen, die sich von den Bundesinteressen differenzieren. Schlussendlich gewinnen kleine Parteien, die territorial auftreten, an Zustimmung, da die großen Parteien diese Unterschiede nicht mehr überzeugend vereinen können. Landtagswahlen können nun nicht mehr als Nebenwahlen bezeichnet werden (Hough & Jeffery 2001: 93), sondern folgen einer Dynamik und Logik, die von Land zu Land unterschiedlich ist. Somit ist nach 1990 der Einfluss der Bundespolitik auf die Landtagswahlergebnisse geringer geworden.

Bei ihrer Analyse anhand von Individualdaten von 1990 bis 2005 kommt Völkl (2009: 254) ebenfalls zu dem Ergebnis, dass die zeitliche Terminierung der Landtagswahl keine Rolle für das Abschneiden der Parteien spielt.

Zwar verliert nach Decker und von Blumenthal (2002) bei ihrer Analyse von 1970 bis 2001 der Wahlzyklus ebenfalls nach der deutschen Wiedervereinigung aufgrund des unterschiedlichen Wahlverhaltens zwischen Ost- und Westdeutschen an Eindeutigkeit, jedoch markiere dieses Datum keine generelle Zäsur. Die Landtagswahlen hätten weiterhin die Funktion einer „bundespolitischen Wetterfahne" (Decker & von Blumenthal 2002: 165), bei welcher die Wähler die Bundesregierung sanktionieren. Nachdem die Wähler so die Möglichkeit der Abstrafung hatten, würden diese bei der darauffolgenden Bundestagswahl wieder ihre erst-präferierte Partei wählen. Die Landtagswahlen wirkten so besänftigend auf den Wähler ein. Decker und von Blumenthal nehmen hier als Beispiel die Erfolge der Republikaner und der DVU in den neunziger Jahren bei Landtagswahlen, welche bei den folgenden Bundestagswahlen diese Erfolge in den entsprechenden Ländern nicht bestätigen konnten (2002: 145).

Nach Decker ist dieses „Zwischenzeugnis" (2006: 261) abhängig von der institutionellen Ausgangslage: Ähnlich der „less-at-stake" Dimension des „second-order"-Ansatzes ist die Wahrnehmung des Wählers entscheidend: Wenn dieser Landespolitik als unwichtig ansieht, ist für ihn die Bedeutung dieser Wahl gering, und er entscheidet sich eventuell auch gegen seine eigentliche Parteipräferenz (Decker 2006: 261). Empirisch konnte Decker bei seiner Untersuchung der Landtagswahlen von 1970 bis 2005 seine These und den Wahlzyklus bestätigen, wobei auch er Abweichungen seit der Wiedervereinigung feststellt (2006: 264).

Dennoch bleibt die Frage, ob nun nach der Wiedervereinigung Deutschland der Einfluss der Bundespolitik auf die Landtagswahlen generell zurückgegangen ist, oder nicht.

Bei vielen Untersuchungen besteht das Problem, dass sie auf die Messung der tatsächlichen Stärke des Einflusseffektes der Bundespolitik auf die Landtagswahlen verzichten (Burkhart 2005: 15). Auch wenn der Wahlzyklus seit der Wiedervereinigung an Erklärungskraft verloren hat, bedeutet dies nicht zwangsweise, dass auch der Einfluss der Bundespolitik auf die Landtagswahlen geringer geworden ist. So korreliert auch nach 1990 die Popularität der Bundesregierung mit deren Abschneiden bei den Landtagswahlen (Burkhart 2005: 35): Regierungsparteien verlieren umso höher bei Landtagswahlen, je stärker deren Popularität seit Beginn der Legislaturperiode gesunken ist. Nach Burkhart ist der Einfluss der Bundespolitik seit 1990 sogar weiter gestiegen.

Wirtschaftliche Einflussgrößen

Oft wird ein Zusammenhang zwischen der wirtschaftlichen Entwicklung und der Wahl oder Abwahl einer Regierung postuliert, da dieser auf den ersten Blick offensichtlich erscheint. So nimmt beispielsweise die bereits erwähnte Referendumstheorie an, dass die wirtschaftliche Performanz einer Regierung mit deren Popularität und letztendlich Wahlerfolg oder Misserfolg verknüpft ist.

Untersuchungen von Anderson und Ward (1996), welche die Landtagswahlen als „barometer elections" bezeichnen, haben jedoch ein kontraintuitives Verhältnis erforscht: Demnach wirkt sich steigende Arbeitslosigkeit gar signifikant positiv auf die Wahlchancen der Regierungsparteien bei Landtagswahlen aus (1996: 453). Dagegen kommt Lohmann et al. (1997) wie erwartet zu dem Ergebnis, dass sich ein höheres Wirtschaftswachstum positiv auf das Abschneiden der an der Regierung beteiligten Parteien auswirkt.

Burkhart (2008: 49) betrachtet in ihrer Untersuchung die Auswirkung der ökonomischen Standardindikatoren (Arbeitslosigkeit, Wirtschaftswachstum und Inflation) auf das Abschneiden der an der Bundesregierung beteiligten Parteien bei Landtagswahlen. Wie erwartet schnitten die Bundesregierungsparteien bei einer höheren Arbeitslosigkeit bzw. Inflation schlechter ab. Dieser negative Zusammenhang zeigte sich jedoch ebenfalls bei dem Wirtschaftswachstum. Jedoch konnte bei keiner Variablen ein signifikanter Einfluss nachgewiesen werden.

Insgesamt kann somit die Referendumstheorie nach dem aktuellen Forschungsstand über das deutsche System nicht eindeutig verifiziert bzw. falsifiziert werden.

Wahlbeteiligung

Auf den ersten Blick ist zu sehen, dass generell Landtagswahlen eine niedrigere Wahlbeteiligung haben als Bundestagswahlen. Oft wird die geringe Wahlbeteiligung als Erklärungsfaktor für das schlechte Abschneiden von Regierungsparteien bei Landtagswahlen angesehen.[10] Die Regierungsparteien würden im Vergleich zu den Oppositionsparteien bei den Landtagswahlen größere Probleme haben ihre Wähler zu mobilisieren. Daraus folgt logisch, dass die Verluste der Regierungsparteien umso höher ausfallen sollten, je geringer die Wahlbeteiligung ist.

Nach Dinkel (1977: 353) hat die Differenz zwischen der Landtagswahlbeteiligung und dem Durchschnitt der Bundestagswahlbeteiligungen vor und nach der Landtagswahl in dem entsprechenden Bundesland keinen signifikanten Einfluss auf das Landtagswahlergebnis der Regierungsparteien bei der Landtagswahl. Eine andere Möglichkeit der Messung besteht darin, die „Abweichung der Wahlbeteiligung bei einer Landtagswahl vom Durchschnitt aller Landtagswahlen dieser Legislaturperiode beziehungsweise vom Durchschnitt aller 67 Landtagswahlen" (Dinkel 1977: 354) zu berechnen, jedoch sind auch diese Ergebnisse nur schwach signifikant und haben nicht die vorhergesagten Vorzeichen. Somit kann der Einfluss der Wahlbeteiligung nach Dinkels Analysen nicht empirisch bestätigt werden. Folglich scheint die „surge-and-decline"-Hypothese widerlegt zu sein.

Jedoch ist zu beachten, dass der Einfluss der Wahlbeteiligung nur schwer mit Hilfe von Aggregatdaten überprüft werden kann, da eine Mikroanalyse des individuellen Wählerverhaltens nötig ist. Ein Rückgriff auf Individualdaten ist fast unumgänglich (Burkhart 2005: 28; Dinkel 1977). Man müsste die individuelle Entscheidung zur Wahl zu gehen oder nicht und die Auswirkung dieser Entscheidung auf die Stimmanteile der Regierungsparteien untersuchen.

---

10 Vgl. „surge-and-decline"-Hypothese

Erweiterungen und weitere Einflussfaktoren

Dinkel erweitert das zyklische Grundmodel durch den Faktor „Abweichung des Stimmanteils der Regierungsparteien in einem Bundesland vom Durchschnitt in allen Bundesländern während dieser Legislaturperiode" (1977: 352). Dahinter steckt die Frage, ob sich die Stimmenverluste der Regierungsparteien bei einer Landtagswahl je nach Ausgangslage unterscheiden. Es wird angenommen, dass diese bei einem großen Verlustpotential größer sind als bei einem geringen Verlustpotential.

In der Empirie zeigt sich jedoch genau die umgekehrte Entwicklung: Je höher das Ergebnis der Regierungsparteien in einem Bundesland bei der Bundestagswahl war, desto geringer sind die Verluste bei den Landtagswahlen. Dies bedeutet, dass die Regierung in Ländern in denen sie traditionell hohe Ergebnisse erzielt sich relativ gut behaupten kann. Dagegen verliert sie stärker in Ländern, in denen sie immer schon eher niedrigere Ergebnisse erreichte.

Die Gründe für das unterschiedliche Abschneiden in den verschiedenen Bundesländern sind vielfältig. Dinkel (1977: 353) betont vor allem sozialstrukturelle Faktoren, wie die Berufsstruktur, Konfession oder der Verstädterungsgrad. Natürlich gibt es auch landesspezifische Themen und Besonderheiten, die bei einer Landtagswahl eine wichtige Rolle spielen. So ist der Begriff des „Landesvaters" oder der „Landesmutter" zu einem Pseudonym für die Bedeutsamkeit der Person des Ministerpräsidenten oder der Ministerpräsidentin geworden. Oft grenzen sich diese, wenn sie zudem sehr beliebt sind, bewusst von der eigenen Partei auf Bundesebene ab (Burkhart 2005: 28f.), um ein besseres Ergebnis zu erzielen. Es kann gezeigt werden, dass die große Regierungspartei im Bund weniger an Stimmen verliert bei einer Landtagswahl, wenn diese Partei auch den Ministerpräsidenten in dem Bundesland stellt (Burkhart 2005: 31).

Völkl (2009: 258) nimmt für ihre Untersuchungen anhand von Individualdaten das Michigan Modell, ein sozialpsychologischer Ansatz, als Ausgangspunkt. Dieses geht von drei Determinanten für das Wahlverhalten aus: Die Parteiidentifikation, die Kandidaten- und die Sachfragenorientierung. Dieses Modell überträgt sie modifiziert auf das deutsche System: Da sich die Parteiidentifikation auf Bundesebene und auf Landesebene entsprechen, beschränkt sich die Unterscheidung auf die Kandidaten- und Sachfragenorientierung zwischen der Bundes- und Landesebene (Völkl 2009: 259).

Sie untersuchte zu dieser Thematik Individualdaten von 1990 bis 2006. In Umfragen zu 9 Landtagswahlen zwischen 1994 und 1998 gaben durchschnittlich fast 83% der Bundesbürger an, dass für sie Bundespolitik für ihre Wahlentscheidung bei der Landtagswahl wichtig oder sehr wichtig gewesen sei (2009: 214). Zwischen Anhängern der CDU oder der SPD gab es keine generellen Unterschiede mit Ausnahme der Wahl in Niedersachsen 1998[11]. Für die Bürger der neuen Bundesländer ist die Bundespolitik etwas wichtiger im Vergleich zu den Bürgern der alten Bundesländer, wobei der Wert zwischen den alten Ländern stärker variiert: Den größten Einfluss der Bundespolitik auf eine Landtagswahl gaben die Wähler 1998 in Niedersachsen an, während in Hamburg die geringste Bedeutung beigemessen wurde, da nach Völkl in diesem Stadtstaat vor allem regionale Themen auf der Agenda stehen (2009: 214).

Von 1999 bis 2006 wurde ein anderes Frageformat in den untersuchten Umfragen verwendet: Es wurde nach dem Einfluss der Bundestagswahl auf die Landtagswahlentscheidung im Vergleich zur Landespolitik gefragt. Hier zeigt sich, dass nach eigener Aussage der Wähler die Landespolitik die entscheidende Rolle spielt (Völkl 2009: 261). Es ist jedoch anzunehmen, dass die soziale Erwünschtheit die Antworten beeinflusst. Es zeigen sich hier teilweise klare Unterschiede zwischen CDU- und SPD-Anhängern bei den einzelnen Landtagswahlen, während es keine nennenswerten Differenzen zwischen Ost- und Westdeutschland gibt. Eine unterdurchschnittliche Bedeutung messen die Bürger der Bundespolitik in den Stadtstaaten zu, während diese in Niedersachen, Hessen und Rheinland-Pfalz überdurchschnittlich ist.

Bei der Untersuchung anhand des modifizierten Michigan-Modells zeigt sich, dass die Parteiidentifikation die stärkste Erklärungskraft für die Landtagswahlen von 1990 bis 2006 hat (Völkl 2009: 262). Diese ist nur bei den ostdeutschen SPD-Anhängern etwas geringer. Sie variiert allerdings relativ stark zwischen den Wahlen innerhalb und zwischen den verschiedenen Ländern. Die Bedeutung der Bundes- bzw. Landespolitik variiert bei den Befragten je nachdem, ob sich die präferierte Partei auf den beiden Ebenen in der Regierung bzw. in der Opposition befindet. Während es bei den SPD-Anhängern mehr Landtagswahlen gibt, bei denen die landespolitische Orientierung dominiert, leisten bei den CDU/CSU-Anhängern die Landes- und die Bundespolitik den gleichen Erklärungsbeitrag für die Landtagswahlen. Unabhängig von der Systemebene haben die Einstellungen zu Kandidaten im Vergleich zu den Sachfragen einen größeren Einfluss auf die Wahlentscheidung (Völkl 2009: 263). Für die Wahlentscheidung sind so die Einstellungen zu Bundes- und Landespolitiker gleichermaßen relevant: Je höher deren Popularität, desto wahrscheinlicher ist die Wahl deren Partei.

Es zeigt sich somit, dass sich die individuellen Einschätzungen der Wähler von den Ergebnissen des Modells unterscheiden.

---

11 Siehe Kapitel: Spezielle Fallbeispiele

Spezielle Fallbeispiele

Natürlich gibt es auch Abweichungen von diesem Wahlzyklus, falls sich zum Beispiel die Opposition im Bund in einer Krise befindet und somit nicht von den Stimmenverlusten der an der Regierung beteiligten Parteien bei Landtagswahlen profitieren kann. Erschüttert umgekehrt ein Skandal die Regierung vor einer Bundestagswahl, könnten sich ihre Popularitätswerte nicht erholen und ein Regierungswechsel wäre die logische Folge (Decker & von Blumenthal 2002: 148).

Es gibt einige Beispiele für Landtagswahlen, die nicht dem Wahlzyklus entsprechen. Die Wahl von Schleswig-Holstein im Februar 2002 ist eine davon, da in diesem Fall die damalige große Oppositionspartei im Bund, die CDU/CSU, in der Mitte der Legislaturperiode in eine Krise geraten war, die sich aufgrund der sogenannten „Spendenaffäre" in der Ära Kohl zugespitzt hatte (Decker & von Blumenthal 2002: 152). Der damalige Spitzenkandidat der schleswig-holsteinischen CDU, Volker Rühe, hatte aufgrund seiner ehemaligen Funktion als Generalsekretär ein Problem sich von dieser Affäre zu distanzieren. So konnte die regierende SPD bei der Wahl 3,3 Prozentpunkte zulegen, während die CDU 2 Prozentpunkte verlor. Auf den ersten Blick scheinen die Verluste der CDU und die Gewinne der SPD gering (Decker & von Blumenthal 2002: 152). Jedoch hätte die SPD als Regierungspartei im Bund bei dieser Wahl nach der Logik des Wahlzykluses starke Verluste einfahren müssen, da der Zeitpunkt der Landtagswahl relativ genau in die Mitte der Legislaturperiode fiel. Die CDU konnte aufgrund dieses externen Schocks der Spendenaffäre nicht die vorhergesagten Stimmen hinzugewinnen.

Unter ganz anderen Umständen stand die Landtagswahl in Niedersachen 1998 im Vorfeld der Bundestagswahl (Decker & von Blumenthal 2002: 153). Bei dieser Wahl konnte die SPD als große Oppositionspartei im Bund kurz vor einer Bundestagswahl besser abschneiden als die Bundesregierungsparteien. Die SPD befand sich in der Situation, dass sie zwei Kanzlerkandidaten zur Wahl stellte: Parteichef Oskar Lafontaine und den damaligen niedersächsischen Ministerpräsidenten Gerhard Schröder. Dieser kündete medienwirksam an, dass er sich als Kandidat nur zur Verfügung stelle, wenn die SPD bei der Landtagswahl ein Ergebnis einfahren würde, welches nicht mehr als zwei Prozentpunkten unter dem der letzten Wahl läge[12]. Somit wandelte sich der Urnengang zu einem „Plebiszit über seine Kanzlerambitionen" (Decker & von Blumenthal 2002: 153). Dies führte zur von ihm gewollten Mobilisierung der SPD-Anhänger. Die SPD erreichte 47, 9 Prozent und konnte ihre absolute Mehrheit bestätigen, wäh-

---

12 http://www.stern.de/politik/deutschland/zwischenruf/zwischenruf-oskars-zweite-phase-639497.html

rend die CDU gering verlor. Obwohl die Grünen verloren, schafften sie im Gegensatz zur FDP den Einzug in das Landesparlament. Somit konnte die Bundesregierung aus CDU / CSU und FDP kurz vor der Bundestagswahl 1998 nicht, wie im Wahlzyklus vorhergesagt, an Stimmen hinzugewinnen.

Diese niedersächsische Landtagswahl kann somit als ein Fanal für den bevorstehenden Regierungswechsel und der ersten rot-grünen Bundesregierung mit Gerhard Schröder als Bundeskanzler verstanden werden.

Abschneiden der kleinen Koalitionspartner und der sonstigen Parteien

Für das Abschneiden der Parteien in einer Regierungskoalition gibt es generell zwei Möglichkeiten: Entweder beide Koalitionspartner verlieren, oder den Verlust eines Partners kompensiert der andere Partner. Die zweite Möglichkeit trifft mehr oder weniger auf den Zeitraum von 1969-1990 zu (Decker & von Blumenthal 2002: 156). Die FDP als kleinerer Koalitionspartner schnitt in den Schwächephasen der Regierung relativ gut ab, während in der erwarteten Aufschwungsphase vor einer Bundestagswahl die größere Regierungspartei besser abschnitt. Dies zeigt, dass die Unzufriedenheit mit der größeren Regierungspartei nicht immer der Opposition zugutekommen muss. Die Wahl des kleineren Koalitionspartners kann als eine abgeschwächte Sanktionswahl verstanden werden, wobei dieser Koalitionspartner innerhalb der Regierung als Korrektiv wirken soll (Decker & von Blumenthal 2002: 156).

Von 1990-2001 hatten, allgemein gesagt, beide Regierungspartner Verluste bei den Landtagswahlen zu verzeichnen. Ab 1990 verloren die Liberalen als kleiner Koalitionspartner bei Landtagswahlen teilweise noch stärker an Stimmen als die Union. Dies wird als Verlust der oben genannten Korrektivfunktion interpretiert (Lösche & Walter 1996: 202). Zudem war die Union auf die SPD angewiesen, da diese im Bundesrat die Mehrheit stellte. Das Auftreten zusätzlicher radikaler Protestparteien eröffnet zudem neue Wahlmöglichkeiten für Protestwähler (Decker & von Blumenthal 2002: 156). Dies erklärt die Erfolge der Republikaner, der DVU oder der NPD bei Landtagswahlen in den 90er Jahren. Nach dem Bundesregierungswechsel 1998 konnten Bündnis 90/Die Grünen ebenfalls nicht von den starken Verlusten der SPD bei Landtagswahlen profitieren (Decker & von Blumenthal 2002: 158). Im Gegensatz zur FDP wurden die Grünen nicht als Korrektiv, sondern als radikalere Partei wahrgenommen, die sich während der Regierungszeit mäßigen musste. Dies verursachte nach Decker und von Blumenthal Glaubwürdigkeitsprobleme für diese Partei (2002: 158).

Probleme

Problematisch bei den Untersuchungen über den Wahlzyklus ist der Umstand, dass die Zeitvariablen oft nicht kritisch hinterfragt, ungenügend ausgeführt und wenig erklärt werden (Burkhart 2005: 22). Generell besteht nach Kernell (1978: 509) das Problem, dass der Faktor „Zeit" immer nur „Zeit" misst. Somit kann diese Variable nicht erklärend, sondern nur beschreibend verwendet werden. Wie bereits erwähnt, steht zudem in vielen Studien die Zeitvariable als Approximation für die Popularität einer Regierung (Dinkel 1977; Burkhart 2005, 2008). Daraus stellt sich nach Burkhart (2005: 22) die Frage, warum man nicht den direkten Zusammenhang zwischen Popularität und dem Wahlzyklus nimmt.

Ein anderes Problem stellt die unterschiedliche Verwendung von Gleichungen dar, die den wellenartigen Verlauf des Wahlzykluses beschreiben. Während Dinkel (1977: 350) für seine Analyse über deutsche Landtagswahlen eine quadratische Funktion verwendet, rechnet zum Beispiel Marsh (1998) in einer vergleichbaren Analyse über Europawahlen mit einer Dreifach-Polynomfunktion. Welche dieser Gleichungen nun die Realität am besten widerspiegelt oder ob je nach zeitlicher Periode unterschiedliche Funktionen verwendet werden müssen bleibt fraglich.

Dinkels zyklisches Grundmodell besteht aus einer Reihe von Vereinfachungen (Dinkel 1977: 351f.), da parteispezifische Aspekte bei den Untersuchungen vernachlässigt werden. Bei den Daten wird zum Beispiel nicht zwischen einer SPD - FDP oder einer CDU/CSU – FDP Regierung unterschieden. Bedeutende politische Ereignisse, die zum Zeitpunkt der Landtagswahl auf diese Einfluss haben könnten, werden nicht berücksichtigt. Dies können regionale Vorkommnisse wie Gebietsreformen oder überregionale wie die Ostverträge sein.

Des Weiteren wird nicht auf die besondere Stellung der drei Stadtstaaten eingegangen. Diese müsste man gesondert betrachten, da „die Verteilung der Steuereinnahmen im föderalen Bundesstaat [...] immer stärker einwohner- statt wirtschaftskraftbezogen" (Hickel 2005: 1) ist. Dies hat zum Beispiel für Bremen zur Folge, dass die effektiven Steuereinnahmen im Vergleich zu den Flächenstaaten niedriger sind und somit die Gesamtverschuldung des Haushalts höher ist (Hickel 2005: 1). Dieser Faktor könnte sich auch auf die jeweiligen Landtagswahlen in den Stadtstaaten auswirken.

Zwischenfazit

Es lässt sich insgesamt festhalten, dass das Abschneiden der Regierungsparteien auf Bundesebene mit den Landtagswahlergebnissen korreliert. Dieser Zusammenhang der beiden Ebenen ist zyklisch: Während die Regierungsparteien bei Landtagswahlen nach der Bundestagswahl immer schlechter abschneiden, bis die Talsohle in der Mitte der Legislaturperiode erreicht wird, steigt die Zustimmung bis zum Ende der Legislaturperiode wieder an. Empirisch kann dieser Wahlzyklus bis zur Wiedervereinigung durch verschiedene Studien gut bestätigt werden.

Nach 1990 kann vor allem die große Oppositionspartei im Bund nicht mehr in dem Maße von den Verlusten der großen Regierungspartei profitieren. Während Hough und Jeffery (2003) dies als Folge von neu auftretenden territorialen Cleavages interpretieren, sehen Decker und von Blumenthal (2002) den weiteren Fortbestand des Wahlzykluses nur in einer abgeschwächten Form. Nach Untersuchungen von Burkhart (2005) über den Zusammenhang zwischen der Popularität der Bundesregierung und der Wahlergebnisse bei Landtagswahlen zeigt sich, dass der Einfluss der Bundespolitik seit 1990 sogar weiter gestiegen ist.

Der vermutete Zusammenhang zwischen der wirtschaftlichen Performanz und dem Abschneiden der Regierung bei Bundestagswahlen kann nicht eindeutig bestätigt werden. Es gibt unterschiedliche empirische Ergebnisse (vgl. Anderson & Ward 1996; Lohmann et al 1997; Burkhart 2005).

Dies gilt ebenso für die Wahlbeteiligung als Erklärungsfaktor, wobei hier das zusätzliche Problem besteht, dass diese nur schwierig ohne die Analyse des individuellen Wählerverhaltens auf der Mikroebene zu untersuchen ist.

Empirische Untersuchung

Analysezeitraum

Der Analysezeitraum umfasst die Bundestagswahlen 2005 und 2009 sowie alle Landtagswahlen, welche zwischen diesen Wahlen stattfanden.

Bundestagswahl 2005

Die Landtagswahl am 22. Mai 2005 in Nordrhein-Westfalen hatte bedeutsame Auswirkungen auf die Bundespolitik bzw. für die regierende rot-grüne Bundesregierung: Aufgrund der starken Verluste der regierenden SPD verlor die Partei mit Peer Steinbrück einen weiteren SPD Ministerpräsidenten. Da dieser Niederlage eine Reihe von verlorenen Landtagswahlen der Partei vorausgingen, sah Bundeskanzler Gerhard Schröder (SPD) keine Legitimationsbasis mehr für seine Politik: „Für die aus meiner Sicht notwendige Fortsetzung der Reformen halte ich eine klare Unterstützung durch eine Mehrheit der Deutschen für unabdingbar. Deshalb betrachte ich es als Bundeskanzler der Bundesrepublik Deutschland als meine Pflicht und meine Verantwortung, darauf hinzuwirken, dass der Herr Bundespräsident von den Möglichkeiten des Grundgesetzes Gebrauch machen kann, um so rasch wie möglich, also realistischerweise für den Herbst dieses Jahres, Neuwahlen zum Deutschen Bundestag herbeizuführen[13]." Mit Hilfe einer gescheiterten Vertrauensfrage wollte er somit eine vorgezogene Neuwahl erzwingen. Wie geplant sprach der Bundestag Schröder am 1. Juli das Misstrauen aus und es wurden Neuwahlen für den 18. September 2005 angesetzt.

Im Wahlkampf setzte die CDU/CSU vor allem auf „wirtschafts-, arbeitsmarkt- und finanzpolitische Themen" (Rattinger & Juhasz 2006: 6). Im Gegensatz zur SPD sprach sich die Union vor der Wahl für eine Erhöhung der Mehrwertsteuer von zwei Prozentpunkten aus. Die SPD dagegen setzte stark auf einen personalisierten Wahlkampf in der Hoffnung von Schröders hohen Popularitätswerten[14] bei der Bevölkerung zu profitieren. Das Ergebnis der Wahl zum 16. Deutschen Bundestag am 18. September 2005 sah wie folgt aus (*Tabelle 3*):

---

13 http://www.focus.de/politik/deutschland/das-sagte-der-kanzler_aid_94805.html
14 http://www.forschungsgruppe.de/Umfragen_und_Publikationen/Politbarometer/Archiv/Politbarometer_2005/September_II/

Tabelle 3: Bundestagswahlergebnis am 18. September 2005 nach Parteien

	Erststimmen		Zweitstimmen	
	%	Diff. zu 2002 in %-Pkt.	%	Diff. zu 2002 in %-Pkt.
Wähler	77,7	-1,4	77,7	-1,4
Ungültige	1,8	0,2	1,6	0,4
Gültige	98,2	-0,2	98,4	-0,4
SPD	38,4	-3,5	34,2	-4,3
CDU	32,6	0,6	27,8	-1,7
CSU	8,2	-0,8	7,4	-1,6
GRÜNE	5,4	-0,3	8,1	-0,4
FDP	4,7	-1,1	9,8	2,5
Die Linke.	8,0	3,6	8,7	4,7
sonstige	2,7	1,5	4,0	0,8

Quelle: eigene Berechnungen, Statistisches Bundesamt

Bei der Analyse der Zweitstimmen zeigt sich, dass die rot-grüne Bundesregierung fast 5 Prozentpunkte eingebüßt und somit ihre Mehrheit im Bundestag verloren hatte. Davon konnte jedoch nicht im ausreichenden Maße die CDU/CSU profitieren: Sie erreichte eines ihrer schlechtesten Ergebnissen bei Bundestagswahlen in der Geschichte der Bundesrepublik. Da sie jedoch im Vergleich zur SPD weniger stark verlor, bildete sie die stärkste Fraktion im Bundestag. Dagegen konnte die FPD an Stimmen hinzugewinnen. Allerdings waren die Stimmenzuwächse nicht groß genug, um die Verluste der CDU/CSU auszugleichen, so dass eine CDU/CSU-FPD Koalition keine Mehrheit im Bundestag gehabt hätte. Gewinner der Wahl war vor allem die Linkspartei, welche aus einer Fusion der Parteien PDS und WASG entstanden war und die Prozentpunkte der PDS bei der Wahl 2002 mehr als verdoppeln konnte. Die Wahlbeteiligung nahm um 1,4 Prozentpunkte ab und erreichte mit 77,7 Prozent einen historischen Tiefpunkt.

Als Folge dieses Ergebnisses wurde eine große Koalition aus CDU/CSU und SPD unter der Bundeskanzlerin Angela Merkel gebildet.

Bundestagswahl 2009

Der Bundestagswahlkampf 2009 wurde von mehreren führenden Medien als „Kuschel-Wahlkampf"[15] bezeichnet, wobei die „Langeweile des Wahlkampfs ein Spiegelbild der realen Politik"[16] sei. Dieser Einschätzung schlossen sich die Bürger an: Nach einer Meinungsumfrage des Forsa-Instituts gaben 84 Prozent der Befragten an, dass der Wahlkampf „weder interessant noch spannend"[17] sei. Während die FDP eine Koalition mit der SPD vor der Wahl ausschloss, sprach sich die SPD gegen eine Zusammenarbeit mit der Linkspartei aus. Die Wahl am 27. September 2009 zum 17. Deutschen Bundestag ergab folgendes Wahlergebnis (*Tabelle 4*):

Tabelle 4: Bundestagswahlergebnis am 27. September 2009 nach Parteien

	Erststimmen		Zweitstimmen	
	%	Diff. zu 2005 in %-Pkt.	%	Diff. zu 2005 in %-Pkt.
Wähler	70,8	-6,9	70,8	-6,9
Ungültige	1,7	-	1,4	-0,1
Gültige	98,3	-	98,6	0,1
SPD	27,9	-10,5	23,0	-11,2
CDU	32,0	-0,6	27,3	-0,5
FDP	9,4	4,7	14,6	4,7
DIE LINKE	11,1	3,1	11,9	3,2
GRÜNE	9,2	3,8	10,7	2,6
CSU	7,4	-0,9	6,5	-0,9
Sonstige	3,0	0,2	6,0	2,0

Quelle: eigene Berechnungen, Statistisches Bundesamt

Die beiden Regierungsparteien fahren bei dieser Wahl historische Wahlniederlagen ein: Während die CDU und die CSU ihr jeweils schlechtestes Ergebnis

---

15 http://www.bild.de/BILD/politik/2009/09/23/waehler-in-deutschland/werden-immer-unberechenbarer.html
16 http://www.sueddeutsche.de/politik/975/485402/text/
17 http://www.focus.de/politik/deutschland/wahlen2009/bundestagswahl/politikverdrossenheit-merkel-findet-wahlkampf-spannend-_aid_431028.html

seit der Bundestagswahl 1949 zu verzeichnen hatten, erreichte die SPD ihr niedrigstes Bundestagswahlergebnis überhaupt. Dagegen konnten die Oppositionsparteien FDP, Grüne und Die Linke die besten Ergebnisse seit ihrem Bestehen erzielen. Aufgrund der hohen Stimmenzugewinne der FDP konnte eine CDU/CSU-FDP-Koalition unter der neuen und alten Bundeskanzlerin Angela Merkel gebildet werden. Die Wahlbeteiligung war mit 70,8 Prozent die niedrigste seit Gründung der Bundesrepublik.

Landtagswahlen

Die Parteien schnitten bei den Landtagswahlen in der Legislaturperiode der Großen Koalition von 2005 bis 2009 wie folgt ab (*Tabelle 5*):

Diese 16 Landtagswahlen bilden die Untersuchungseinheiten der empirischen Analyse[18]. Da in Nordrhein-Westfalen in dem erwähnten Zeitraum nicht gewählt wurde, wird dieses Bundesland nicht berücksichtigt. In allen anderen Ländern wurde innerhalb der Legislaturperiode der großen Koalition gewählt. In Hessen fanden in dem genannten Zeitraum zwei Landtagswahlen statt.

---

18 Da alle Landtagswahlen in dieser Legislaturperiode berücksichtigt werden, handelt es sich um eine Vollerhebung. Somit ist es nicht das Ziel von den untersuchten Einheiten auf alle Landtagswahlen zu schließen. Es wird nur untersucht, welche Faktoren einen signifikanten Einfluss auf die Wahlen zwischen 2005 und 2009 haben und welche nicht.

Tabelle 5: Landtagswahlergebnisse der Parteien zwischen den Bundestagswahlen 2005 und 2009 nach Bundesländer geordnet

	Datum der LTW	CDU/CSU	SPD	FDP	Die Linke	Grüne	Sonstige
BW	26.03.06	44,2	25,2	10,7	3,1	11,7	5,1
RP	26.03.06	32,8	45,6	8,0	2,6	4,6	6,4
ST	26.03.06	36,2	21,4	6,7	24,1	3,6	8,0
BE	17.09.06	21,3	30,8	7,6	13,4	13,1	13,8
MV	17.09.06	28,8	30,2	9,6	16,8	3,4	11,2
HB	13.05.07	25,6	36,7	6,0	8,4	16,5	6,8
HE[19]	27.01.08	36,8	36,7	9,4	5,1	7,5	4,5
NI	27.01.08	42,5	30,3	8,2	7,1	8,0	3,9
HH	24.02.08	42,6	34,1	4,8	6,4	9,6	2,5
BY	28.09.08	43,4	18,6	8,0	4,4	9,4	16,2
HE[20]	18.01.09	37,2	23,7	16,2	5,4	13,7	3,8
SL	30.08.09	34,5	24,5	9,2	21,3	5,9	4,6
SN	30.08.09	40,2	10,4	10,0	20,6	6,4	12,4
TH	30.08.09	31,2	18,5	7,6	27,4	6,2	9,1
BB	27.09.09	19,8	33,0	7,2	27,2	5,6	7,2
SH	27.09.09	31,5	25,4	14,9	6,0	12,4	9,8

Quelle: eigene Berechnungen, statistisches Bundesamt

---

19 1. Wahl
20 2. Wahl

Modell

Zur Analyse der Landtagswahlen von 2005 bis 2009 werden Faktoren berücksichtigt, welche sich aus den verschiedenen Erklärungsansätzen zusammensetzen (*Abbildung 3*):

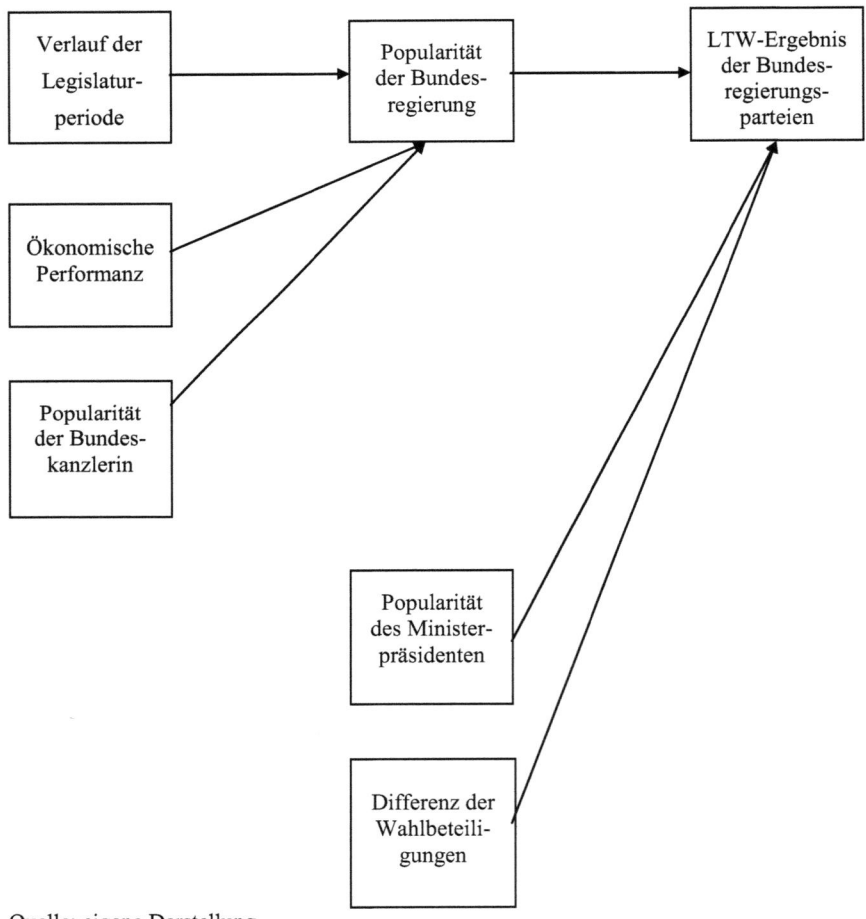

Quelle: eigene Darstellung

Abbildung 3: Modell zur Erklärung der Landtagswahlergebnisse der Bundesregierungsparteien

Das Modell setzt voraus, dass es zu Verlusten der an der Bundesregierung beteiligten Parteien bei Landtagswahlen kommt.

Die zentrale Variable bildet die Popularität der Bundesregierung. Nach dem Wahlzyklus verläuft diese über die Legislaturperiode hinweg u-förmig. Bei einem Zusammenhang zwischen der Bundespolitik und Landtagswahlen spiegelt sich dieser in einem entsprechenden zyklischen Verlauf der Verluste der Bundesregierung bei Landtagswahlen wider. Falls die Popularität der Bundesregierung einen Einfluss hat, kann in diesem Zusammenhang die „presidentalpenalty"-Hypothese widerlegt werden. Diese besagt, dass unabhängig von der Beliebtheit der Bundeskanzlerin bzw. der an der Regierung beteiligten Parteien, diese bei den Landtagswahlen verlieren. Dieser Ansatz erklärt jedoch nicht den u-förmigen Verlauf dieser Verluste. Anhand der Zeitvariablen kann zudem überprüft werden, ob die Regierungsparteien nicht zyklisch sondern stetig bei zunehmender Amtsdauer bei den Landtagswahlen an Stimmen verlieren (Abramowitz, Cover & Norpoth 1986).

Unabhängig der Popularität wird untersucht, ob die unterschiedliche Wahlbeteiligung zwischen Land- bzw. Bundestagswahlen die Verluste der Regierungsparteien bei den Landtagswahlen erklärt (vgl. „surge-and-decline"-Hypothese; „second-order"-Ansatz[21]; „coattail"-Ansatz). Generell ist es, wie erwähnt, problematisch den Einfluss der Wahlbeteiligung auf der Aggregatebene zu untersuchen. Prinzipiell können Rückschlüsse nur anhand von Individualdaten über die individuelle Entscheidung, zur Wahl zu gehen oder nicht, gezogen werden.

Als Drittvariable wird zudem berücksichtigt, ob die Beliebtheit des jeweiligen Ministerpräsidenten eines Landes zur Erklärung der Varianz der Landtagswahlergebnisse einen signifikanten Beitrag leistet.

Die Popularität der Regierung wird beeinflusst durch die gesamtwirtschaftliche Situation (vgl. Referendumstheorie; PBC-Modell). Problematisch an der Untersuchung der Referendumstheorie ist, dass sie im Gegenteil zum PBC-Modell nicht den u-förmigen Verlauf der Popularität der Bundesregierung erklärt. Sie besagt lediglich, dass es einen Zusammenhang zwischen der gesamtwirtschaftlichen Situation und der Regierungspopularität gibt.

Zudem besteht ein positiver Zusammenhang zwischen der Beliebtheit der Bundeskanzlerin und der Popularität der an der Regierung beteiligten Parteien (vgl. „coattail"-Ansatz).

---

[21] Speziell die „less-at-stake" Dimension des „second-order" Ansatzes kann betrachtet werden.

Der „coattail"-Ansatz kann nur indirekt überprüft werden, da er nicht direkt einen Zusammenhang zwischen der Popularität der Bundeskanzlerin und der Popularität der Bundesregierung postuliert. Genau genommen nimmt das Modell an, dass sich die Beliebtheit der Kanzlerin auf das Abschneiden der Bundesregierungsparteien vor allem bei Landtagswahlen, welche zeitgleich mit den Bundestagswahlen stattfinden, positiv auswirkt. Grund ist die höhere Wahlbeteiligung bei diesen Wahlen.

Hypothesen

Zur Analyse des Einflusses der Bundespolitik auf die Landtagswahlen zwischen 2005 und 2009 werden folgende Hypothesen untersucht:

1. Die Bundesregierungsparteien CDU/CSU und SPD verlieren bei Landtagswahlen im Vergleich zu Bundestagswahlen durchschnittlich an Stimmanteilen. Dementsprechend wird für die Oppositionsparteien im Bund angenommen, dass sie bei Landtagswahlen im Vergleich zu Bundestagswahlen im Schnitt an Stimmanteilen hinzugewinnen.

2. Je größer der zeitliche Abstand einer Landtagswahl zu einer Bundestagswahl ist, desto größer sind die Stimmenverluste der Bundesregierungsparteien bei dieser Wahl. Auf die Oppositionsparteien bezogen lauten die Hypothesen genau umgekehrt: Je größer der zeitliche Abstand einer Landtagswahl zu einer Bundestagswahl ist, desto größer sind die Stimmengewinne.

3. Die Stimmenverluste der Bundesregierungsparteien bei Landtagswahlen sind umso geringer, je populärer die Bundesregierung ist. Je populärer die Bundesregierung ist, umso schlechter schneiden die Oppositionsparteien ab.

4. Je größer der Unterschied zwischen der Wahlbeteiligung bei Landtagswahlen und Bundestagswahlen ist, umso höher sind die Verluste der Bundesregierungsparteien bei diesen Landtagswahlen. Für die Oppositionsparteien bedeutet dies, dass ihre Gewinne umso höher sind, je größer der Unterschied zwischen der Wahlbeteiligung bei Landtagswahlen und Bundestagswahlen ist.

5. Je besser die gesamtwirtschaftliche Situation ist, umso populärer ist die Bundesregierung. Dagegen schneiden die Oppositionsparteien umso schlechter ab, je besser die ökonomische Performanz ist.

6. Je beliebter der/die Bundeskanzler(in) ist, umso populärer ist die Bundesregierung. Auf die Oppositionsparteien bezogen sind diese umso unpopulärer, je beliebter der/die Bundeskanzler(in) ist.

Bei der Überprüfung der aufgestellten Hypothesen werden zunächst die Bundesregierung als Einheit und danach die Koalitionspartner CDU/CSU und SPD getrennt voneinander analysiert. Entsprechende Untersuchungen werden zudem für die im Bundestag vertretenen Oppositionsparteien FDP, Linkspartei und Bündnis 90/Die Grünen durchgeführt, wobei diese Parteien zusammengenommen betrachtet werden.

Daten und Methoden

Im folgenden Abschnitt werden die Datengrundlage, die Operationalisierung der Einflussfaktoren, die verwendeten statistischen Methoden und die vorhergesagten Werte der Hypothesen beschrieben.

Datengrundlage

Grundlage für die Ergebnisse und Wahlbeteiligungen der zu untersuchenden Bundes- und Landtagswahlen sind die offiziellen Ergebnisse des Bundeswahlleiters.

Die verwendeten Popularitätswerte der Parteien wurden von dem Meinungsforschungsinstitut „Forschungsgruppe Wahlen" (FGW) in Mannheim im Auftrag des ZDF für die Fernsehsendung „Politbarometer" erhoben. Es werden die Werte genommen, welche die FGW am zeitnahsten vor der jeweiligen Landtagswahl durch die Beantwortung der Fragen: „Wenn am nächsten Sonntag Bundestagswahl wäre, würden Sie dann zur Wahl gehen? [...] Und welche Partei würden Sie dann wählen" (Wüst, 2003: 86)? erhoben hat. Durch die Beantwortung dieser Wahlabsichtsfrage ergibt sich die politische Stimmung, welche sich jedoch von dem Ergebnis der Projektion der „Sonntagsfrage" im Politbarometer unterscheidet, da bei dieser weitere Fragen aus wahrscheinlich mehreren früheren Erhebungen mit einfließen, welche öffentlich nicht deklariert werden (Wüst, 2003: 89).

Die Beliebtheit der Bundeskanzlerin Angela Merkel (CDU) wird mit Hilfe einer Likertskala von -5 bis +5 gemessen, anhand welcher die Befragten folgende Frage zu beantworten haben: „Was halten Sie von Angela Merkel?". Diese Umfrage der „Forschungsgruppe Wahlen" ist repräsentativ für alle Wahlberechtigten in Deutschland und wird jeweils drei Tage vor Veröffentlichung erhoben.

Für die Messung der Beliebtheit der Ministerpräsidenten bilden die Daten, welche die FGW im Rahmen der Sendung „Politbarometer-Extra Landtagswahlen" eine Woche vor der jeweiligen Landtagswahl erhoben hat, die Grundlage.

Die ökonomische Performanz wird entsprechend der retrospektiven Economic-Voting-Literatur (Burkhart 2008: 47) anhand von drei Variablen gemessen: Der Arbeitslosigkeit, der Inflationsrate und anhand des Wirtschaftswachstums. Dabei werden die Daten berücksichtigt, welche am zeitnahsten zu den Popularitätsdaten der Bundesregierung bzw. Opposition veröffentlicht werden. Am ersten Arbeitstag eines neuen Monates werden die Arbeitslosendaten des Vormonates von der Bundesagentur für Arbeit bekannt gegeben. Dabei berücksichtige ich die jeweiligen Veränderungen gegenüber dem Vorjahresmonat in Prozent. Die Inflationsrate wird durch den prozentualen Vergleich der Verbraucherindizes eines Monates mit denjenigen des entsprechenden Vorjahresmonats, welche 12 Tage nach dem entsprechenden Monat vom Statistischen Bundesamt veröffentlicht werden, berechnet. Das Wirtschaftswachstum wird vom Statistischen Bundesamt quartalsweise 45 Tage nach dem entsprechenden Quartal veröffentlicht, wobei dieses anhand des preisbereinigten Bruttoinlandsproduktes ausgewiesen wird.

Zu berücksichtigen ist, dass jeweils die ökonomischen Daten verwendet werden, welche zum Start der Erhebungsphase des Politbarometers durch die FGW veröffentlicht wurden. Grund ist, dass nur diejenigen ökonomischen Werte das Wahlverhalten der Bürger beeinflussen können, welche auch von der Bevölkerung wahrgenommen werden.

Operationalisierung

Zur Analyse des Abschneidens der Regierungs- und Oppositionsparteien bei Landtagswahlen im Vergleich zu Bundestagswahlen verwende ich die bereits beschriebene Methode der „relativen" Stimmanteile nach Dinkel (1977: 349). Bei den Werten der Regierung werden die „relativen" Stimmanteile der SPD, CDU und CSU addiert. Entsprechend werden die Werte der Opposition berechnet.

Zusätzlich werden regionale Parteien berücksichtigt, die bei einer Landtagswahl mehr als 7,5 Prozent der Stimmen erreichen, da bei dieser Wahl die anderen Parteien ein schlechteres Ergebnis erhalten. Die Folge wären systematische Verzerrungen bei den „relativen" Stimmanteilen, die durch die Berücksichtigung der regionalen Parteien behoben werden (Dinkel 1977: 250). Dies ist in der betrachteten Legislaturperiode die Partei „Die Freien Wähler" bei der Wahl in Bayern. Umgekehrt erreichte keine regionale Partei bei der Bundestagswahl über 7,5 Prozent der Stimmen. Somit spielt dieser Faktor keine Rolle. Das Ergebnis der CSU in Bayern wird äquivalent zu den Ergebnissen der CDU in den anderen Bundesländern behandelt.

Die Zeitvariable (t) bezeichnet die zeitliche Differenz zwischen der Landtagswahl und der Bundestagswahl 2005 in Wochen. Sie stellt somit den Verlauf der Legislaturperiode der Bundesregierung von 2005 bis 2009 in Wochen dar.

Die Popularität der Bundesregierung wird gemessen, indem die Prozentpunkte der politischen Stimmung der CDU/CSU und SPD, welche die „Forschungsgruppe Wahlen" ermittelt hatte, addiert werden. Entsprechend wird die Popularität der Opposition aus FDP, Grüne, und Linkspartei berechnet. Diese jeweiligen Werte werden von dem Wert, welcher direkt in der Woche vor der Bundestagswahl 2005 erhoben wurde, subtrahiert.

Im Rahmen der Sendung „Politbarometer-Extra Landtagswahlen" wurden die Wahlberechtigten nach dem gewünschten Ministerpräsidenten gefragt. Die daraus resultierenden Prozentpunkte für den Amtsinhaber zeigt die Popularität des Ministerpräsidenten an. Die nach CDU/CSU und SPD getrennt voneinander durchgeführten Analysen berücksichtigen die Werte der Ministerpräsidenten, welche von der entsprechenden Partei gestellt wurden. Alle Werte der Ministerpräsidenten der jeweils anderen Partei wurden auf null gesetzt.

Bei den Arbeitslosendaten wird die jeweilige Veränderung gegenüber dem Vorjahresmonat in Prozent berücksichtigt. Die Inflationsrate wird durch den prozentualen Vergleich der Verbraucherindizes eines Monats mit denjenigen des entsprechenden Vorjahresmonats berechnet. Das Wirtschaftswachstum wird entsprechend der Veröffentlichung des Statistischen Bundesamts gemessen. Von diesen ökonomischen Variablen wird die Differenz zu den entsprechenden Werten, welche direkt vor der Bundestagswahl 2005 ermittelt wurde, gebildet.

Bei der Variable „Wahlbeteiligung" wurde von der durchschnittlichen Wahlbeteiligung der Bundestagswahlen 2005 und 2009 in einem Bundesland die Höhe der Landtagswahlbeteiligung subtrahiert.

Methoden

Bei der empirischen Überprüfung der Hypothesen werden verschiedene OLS-Regressionsmodelle berechnet. Eine Ausnahme bildet die Untersuchung der ersten Hypothese, bei welcher die Prozentzahlen der relativen Stimmanteile der Regierung bzw. Opposition betrachtet werden.

Zur Überprüfung der zweiten Hypothese stellen bei dem Modell der linearen Regression die relativen Stimmanteile der Bundesregierungs- bzw. der Oppositionsparteien bei Landtagswahlen die abhängige Variable dar. Die unabhängige Variable stellt die Zeitvariable (t) bzw. (t²) dar. Diese bezeichnet die Differenz der Wochen zwischen der Landtagswahl und der Bundestagswahl 2005 in Wochen. Sie stellt somit den Verlauf der Legislaturperiode der Bundesregierung von 2005 bis 2009 in Wochen dar. Bei der Existenz eines Wahlzykluses müsste folgende bereits erwähnte Regressionsgleichung bestätigt werden:

relative Stimmen = $a - bt + ct^2$ (Dinkel 1977a: 350);

Durch den Term (- bt) sinken die Stimmanteile solange, bis der positive quadrierte Zeitfaktor (ct^2) die Stimmanteile wieder steigen lässt. Der Faktor (a) steht für den zu erwartenden Stimmanteil unabhängig vom Zeitpunkt der Landtagswahl. Wenn die Koeffizienten (b) und (c) Null sind, wären die relativen Stimmen unabhängig vom Wahlzyklus. Zusätzlich werden regionale Parteien berücksichtigt, die bei einer Landtagswahl mehr als 7,5 Prozent der Stimmen erreichen.

Falls über die Legislaturperiode hinweg der vorhergesagte Zusammenhang zwischen der Popularität der Regierung und deren Abschneiden bei den Landtagswahlen besteht, müsste sich der Wahlzyklus in einem u-förmigen Verlauf der Regierungspopularität widerspiegeln. Als Einflussfaktoren auf die relativen Stimmanteile der Regierung wird neben der Popularität der Regierung (3. Hypothese) die Auswirkung der Wahlbeteiligung (4. Hypothese) untersucht. Die Kontrollvariable bildet die Popularität der Ministerpräsidenten.

Zur Untersuchung der fünften Hypothese wird ein Einfluss der gesamtwirtschaftlichen Situation auf die Popularität der Regierung analysiert. Aus den drei Standardindikatoren Wirtschaftswachstum, Inflation und Arbeitslosigkeit, wird mittels einer Faktorenanalyse der Faktor „ökonomische Performanz" gebildet. Wie erwartet, laden auf diesem Faktor die Variablen „Wirtschaftswachstum" bzw. „Inflation" positiv und die Variable „Arbeitslosigkeit" negativ. Höhere ökonomische Performanz-Werte bedeuten somit ein höheres Wirtschaftswachstum, eine höhere Inflation sowie eine niedrige Arbeitslosigkeit. Neben diesem ökonomischen Faktor bildet die Beliebtheit der Bundeskanzlerin, zur Analyse der sechsten Hypothese, eine weitere unabhängige Variable in diesem Regressionsmodell.

Vorhersagen der Hypothesen

Falls die Hypothesen bestätigt werden können, müssten folgende Vorhersagen zutreffen *(Tabelle 6)*:

Tabelle 6: Vorhersagen der Hypothesen über die Bundesregierungsparteien

1. Hypothese	Falls die Bundesregierung bei den Landtagswahlen in Bezug auf die Bundestagswahlen entsprechend der ersten Hypothese verliert, müsste ihr relativer Stimmanteil im Schnitt bei unter 100 Prozent liegen.
2. Hypothese	Falls ein Wahlzyklus besteht, würde die Gleichung der Zeitvariablen $(a - bt + ct^2)$ den relativen Stimmanteil der Regierung gut erklären.
3. Hypothese	Falls ein Zusammenhang zwischen der Popularität und dem relativen Stimmanteil der Regierung bei Landtagswahlen besteht, müsste eine positive Korrelation zwischen den zwei Variablen bestehen.
4. Hypothese	Falls die Wahlbeteiligung den erwarteten Einfluss auf den relativen Stimmanteil der Regierung hat, müsste sich eine hohe Differenz zwischen der Bundes- und Landtagswahlbeteiligung negativ auf die relativen Stimmanteile der Regierung auswirken.
5. Hypothese	Falls die gesamtwirtschaftliche Situation die Popularität der Bundesregierung beeinflusst, müssten höhere Werte der ökonomischen Performanz sich positiv auf die politische Stimmung der Regierung auswirken.
6. Hypothese	Falls die Beliebtheit der Bundeskanzlerin die politische Stimmung der Bundesregierung beeinflusst, müsste es einen positiven Zusammenhang der zwei Faktoren geben.

Quelle: eigene Darstellung

Diametral dazu werden die Hypothesen der Opposition gebildet.

Analyse

Anhand der erwähnten Daten werden nun mittels der beschriebenen Methoden die Hypothesen überprüft.

Die „relativen" Stimmanteile der Parteien

Zur Untersuchung der möglichen Verluste der Bundesregierungsparteien bei Landtagswahlen werden die „relativen" Stimmanteile in den einzelnen Bundesländern betrachtet (*Tabelle 7*).

Bei Betrachtung des Durchschnitts der relativen Stimmanteile zeigt sich, dass dieser, im Gegensatz zu den oben beschriebenen Untersuchungen von 1949-2005 (vgl. Dinkel 1977; Burkhart 2008), mit 104,0 Prozent oberhalb der 100-Prozent-Marke liegt. Dies bedeutet, dass die Bundesregierungsparteien bei Landtagswahlen im Schnitt etwa 4 Prozentpunkte mehr Stimmen erhielten, als sie aufgrund der Bundestagswahlergebnisse in dem jeweiligen Bundesland hätten erwarten können. Besonders hohe Gewinne der Bundesregierungsparteien zeigen sich bei den Landtagswahlen in Hamburg (124,9 %) und in Rheinland-Pfalz (120,3 %), während die Regierungsparteien vor allem bei der Wahl in Schleswig-Holstein mit 85,2 Prozent besonders schlecht abschnitten. In Ostdeutschland erreichten die an der Regierung beteiligten Parteien mit 1,4 Prozentpunkten im Gegensatz zu Westdeutschland mit 5,5 Prozentpunkten nur marginal mehr Stimmen als erwartet. Wenn die Regierungsparteien einzeln betrachtet werden zeigen sich deutliche Unterschiede: Während die CDU bei den Landtagswahlen fast 10 Prozentpunkte mehr auf sich vereinen konnte als erwartet, verlor die SPD ungefähr 3 Prozentpunkte. Die Werte zwischen den Landtagswahlen variieren jedoch sehr stark: Besonders stark schnitt die CDU bei den Landtagswahlen in Hamburg (150,3 %), in Sachsen-Anhalt (132,1 %) und in Niedersachsen (127,3 %) ab, während die SPD gute Ergebnisse in Rheinland-Pfalz (156,2 %) und bei der ersten Landtagswahl in Hessen am 27.01.2008 (119,9 %) erzielte. Besonders wenig Stimmen im Vergleich zu den Bundestagswahlen erreichte die CDU bei der Landtagswahl in Brandenburg mit 81,8 Prozent, wohingegen die SPD in Sachsen einen starken Stimmenverlust (53,2 %) hinnehmen musste. Entsprechend des Trends der Ergebnisse der Bundesregierungsparteien schnitt die CDU in Westdeutschland mit 110,7 Prozent besser ab als in Ostdeutschland (105,5 %). Dagegen schnitt die SPD in Westdeutschland bei den Landtagswahlen gleich gut ab wie bei den Bundestagswahlen (100,6 %), während sie vor allem bei den Wahlen in Ostdeutschland verlor (93,3 %).

Tabelle 7: Relative Stimmanteile (in %) der Bundesregierungs- und der Oppositionsparteien

	Zeitvariable (t, in Wochen)	Bundesregierung	CDU	SPD	Opposition
BW	25	112,9	120,1	102,0	76,9
RP	25	120,3	91,2	156,2	50,4
ST	25	110,3	132,1	86,3	79,4
BE	50	104,8	95,1	112,8	78,0
MV	50	106,3	91,9	125,1	76,1
HB	83	104,0	109,6	100,4	86,9
HE[22]	121	115,7	111,7	119,9	68,5
NI	121	104,5	127,2	83,6	87,6
HH	125	124,9	150,3	103,2	59,3
BY	156	92,5	94,7	87,9	82,6
HE[23]	173	95,8	112,9	77,5	110,0
SL	206	99,2	113,3	84,5	101,5
SN	206	96,7	122,6	53,2	89,9
TH	206	95,3	109,7	78,1	98,8
BB	209	94,6	81,8	104,4	101,8
SH	209	85,2	91,8	78,2	111,0
arithmetisches Mittel		104,0	109,7	97,1	84,9
Durchschnitt Westdeutschland		105,5	110,7	100,6	83,0
Durchschnitt Ostdeutschland		101,3	105,5	93,3	87,4

Quelle: eigene Berechnungen

---

22 1. Wahl
23 2. Wahl

Die Oppositionsparteien konnten ihre guten Bundestagswahlergebnisse von 2005 und 2009 bei den Landtagswahlen nicht halten und erreichten im Schnitt nur 85 Prozent der erwarteten Stimmen. In Westdeutschland erreichte die Opposition nur einen Wert von 83 Prozent, während dieser im Westen bei 87,3 Prozent lag.

Insgesamt ist die erste Hypothese widerlegt, dass die Bundesregierungsparteien bei den Landtagswahlen im Vergleich zu den Bundestagswahlen durchschnittlich an Stimmanteilen verlieren. Zwar verlor die SPD bei Landtagswahlen in Ostdeutschland, die CDU/CSU konnte diese Verluste jedoch mehr als ausgleichen. Zu erklären sind diese Ergebnisse damit, dass die Regierungsparteien bei den Bundestagswahlen 2005 und 2009 schlechte bzw. die schlechtesten Ergebnisse seit 1945 erzielten. Somit konnten die Resultate bei den Landtagswahlen nur besser werden.

Somit kann auch bei der Analyse der Oppositionsparteien die erste Hypothese nicht bestätigt werden: Sie erhielten im Schnitt weniger Stimmen bei Landtagswahlen als sie hätten erwarten können.

Der Wahlzyklus

Es konnte gezeigt werden, dass die Regierungsparteien bei Landtagswahlen nicht wie vorhergesagt an Stimmen verloren hatten. Aufgrund der Gewinne der Regierungsparteien kam es zu Verlusten der Oppositionsparteien bei den relativen Stimmanteilen. Ob die Gewinne der Regierungsparteien über die Zeit hinweg nach einem zyklischen Muster oder beispielsweise linear zu- bzw. abnehmen wird anhand der Zeitvariablen (t) bzw. (t^2) untersucht.

Die Ergebnisse (*Tabelle 8*) zeigen, dass kein Wahlzyklus existiert.

Tabelle 8: Einflussfaktoren auf die relativen Stimmanteile der Bundesregierungsparteien und der Oppositionsparteien von 2005-2009

	Bundesregierung	SPD	CDU/CSU	Opposition
(t)	-0,103[a]	-0,213[a]	-0,024	0,169[a]
	(-3,61)	(-3,17)	(-0,36)	-3,87
Konstante	116,743[a]	123,613[a]	112,706[a]	63,876[a]
	(-28,62)	(-12,82)	(-11,91)	(-10,21)
N	16	16	16	16
R^2	0,4819	0,4173	0,0091	0,5169
Korr. R^2	0,4449	0,3756	-0,0616	0,4824

Absolute t-Werte in Klammern

[a] = signifikant auf 1-Prozent-, [b] = signifikant auf 5-Prozent-, [c] = signifikant auf dem 10-Prozent-Signifikanzniveau

Quelle: eigene Berechnungen

Durch die Hinzunahme der quadrierten Zeitvariablen (t^2) zur normalen Zeitvariablen (t) in *Tabelle 9* verbessert sich das korrigierte Bestimmtheitsmaß R^2 bei den Regressionsmodellen nur marginal bzw. es sinkt teilweise sogar im Vergleich zu den entsprechenden Modellen ohne die Variable (t^2). Dies gilt sowohl für die Bundesregierung, die einzelnen Koalitionspartner als auch für die Opposition. Nur bei den relativen Stimmanteilen der Bundesregierung verbessert sich die Erklärungskraft des Modells durch die Hinzunahme der quadrierten Zeitvariablen $(t)^2$ relativ stark.

Zudem zeigen sich nicht die erwarteten Vorzeichen der Gleichung (a − bt + ct^2), welche bei einem u-förmigen Verlauf der relativen Stimmanteile der Regierung existieren müssten. Da die Vorzeichen der Zeitvariablen (t) positiv und $(t)^2$ negativ sind, deutet sich umgekehrt ein ∩-förmiger Verlauf der relativen Stimmanteile der Bundesregierung über die Legislaturperiode hinweg an. Derselbe Zyklus zeigt sich bei der Analyse der CDU, wenn die Regierungsparteien einzeln betrachtet werden.

Dagegen weisen negative Vorzeichen bei beiden Zeitvariablen (t) bzw. (t^2) bei der SPD auf einen zunehmenden Verlust an Stimmen bei den Landtagswahlen über die Zeit hinweg hin. Diametral zu den Vorhersagen verlaufen die relativen Stimmanteile der Opposition u-förmig.

Tabelle 9: Einflussfaktoren auf die relativen Stimmanteile der Bundesregierungsparteien und der Oppositionsparteien von 2005-2009

	Bundesregierung	SPD	CDU/CSU	Opposition
(t)	0,118	-0,133	0,455	-0,42
	(-0,830)	(-0,35)	(-1,35)	(-0,18)
$(t)^2$	-0,001	-0,001	-0,002	0,001
	(-1,57)	(-0,21)	(-1,43)	-(0,93)
regio. Partei	-12,41	-3,894	-23,328	-4,776
	(-1,51)	(-0,18)	(-1,18)	(-0,35)
Konstante	108,631[a]	120,625[a]	94,982[a]	72,112[a]
	(-16,69)	(-6,87)	(-6,09)	(-6,6)4
N	16	16	16	16
R^2	0,604	0,4202	0,1911	0,5627
Korr. R^2	0,505	0,2752	-0,0112	0,4534

Absolute t-Werte in Klammern

[a] = signifikant auf 1-Prozent-, [b] = signifikant auf 5-Prozent-, [c] = signifikant auf dem 10-Prozent-Signifikanzniveau

Quelle: eigene Berechnungen

Jedoch fallen die ermittelten Werte der quadrierten Zeitvariablen $(t)^2$ bei allen Modellen sehr klein aus (< 0,002) und sind jeweils nicht signifikant.

Wie erwartet sinken die relativen Stimmanteile der Bundesregierung und der Opposition aus FDP, Grüne und Linkspartei durch das Auftreten der regionalen Partei „Die Freien Wähler" in Bayern. Jedoch ist dieser Zusammenhang ebenfalls nicht signifikant.

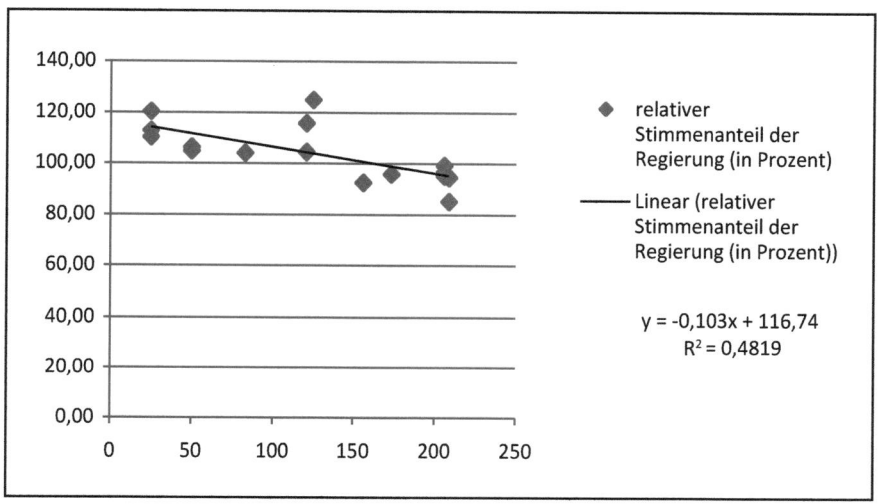

Quelle: eigene Darstellung

Abbildung 4: Relative Stimmanteile der Bundesregierungsparteien über die Legislaturperiode hinweg

Anhand der *Abbildung 4* kann auch graphisch gezeigt werden, dass die relativen Stimmanteile der Regierungsparteien nicht u-förmig verlaufen, sondern über die Zeit hinweg relativ konstant abnehmen. Diese Verluste von 0,1 Prozentpunkten pro Woche sind auf dem 1-Prozent-Niveau signifikant. Ausnahmen bilden die erste Landtagswahl in Hessen und vor allem die Hamburger Senatswahl, welche in der Mitte der Legislaturperiode stattfanden. Bei diesen Wahlen erzielten die Bundesregierungsparteien überdurchschnittlich gute Ergebnisse.

Auffällig ist, dass bei den ersten neun Landtagswahlen nach der Bundestagswahl 2005 der relative Stimmanteil über 100 Prozent liegt, während bei den darauf folgenden sieben Landtagswahlen dieser Wert unterhalb der 100-Prozent-Linie liegt. Zu Beginn der Legislaturperiode sind die vorhergesagten relativen Stimmanteile der SPD mit 123,6 Prozent ziemlich hoch, wobei sie jede Woche 0,2 Prozentpunkte (signifikant auf dem 1-Prozent-Signifikanzniveau) verlieren. Dagegen ist das vorhergesagte Ausgangsniveau der CDU/CSU mit 112,7 Prozent an relativen Stimmanteilen wesentlich geringer, wobei deren Verluste über die Zeit hinweg mit 0,02 Prozentpunkten sehr gering und nicht signifikant sind. Somit schneidet die Union bei den Landtagswahlen über die Legislaturperiode hinweg gesehen relativ konstant ab. Dies zeigt sich auch daran, dass die Zeitvariable (t) nur 0,9 Prozent der Varianz der relativen Stimmanteile der CDU/CSU erklärt. Auch bei der gleichzeitigen Betrachtung der quadrierten Zeitvariablen (t)² verbessert sich dieser Wert nur auf rund 19 Prozent und ist damit im Vergleich zu den anderen Modellen mit Abstand der niedrigste. Für die Oppositionsparteien wird zu Beginn der Legislaturperiode ein sehr geringer Wert mit 63,87 Prozentpunkten vorhergesagt. Dagegen gewinnen sie signifikant konstant an Stimmen hinzu. Insgesamt kann die zweite Hypothese widerlegt werden, dass die Stimmanteile der Regierung bzw. der Opposition über die Zeit hinweg zyklisch verlaufen. Dagegen konnte gezeigt werden, dass die Regierung über die Legislaturperiode hinweg konstant an Prozentpunkten verliert, während die Opposition dazugewinnt.

Die Popularität der Bundesregierung und der Einfluss der Wahlbeteiligung

Zur Analyse des Verlaufes der Popularität der Bundesregierung über die Zeit hinweg wird ebenfalls die Zeitvariable (t) bzw. (t²) betrachtet (*Tabelle 10 und 11*).

Tabelle 10: Einflussfaktoren auf die politische Stimmung hinsichtlich der Bundesregierung und der Opposition von 2005-2009

	Bundesregierung	SPD	CDU/CSU	Opposition
(t)	-0,052[a]	-0,043[a]	-0,01	0,051[a]
	(-5,06)	(-8,71)	(-1,09)	(-4,77)
Konstante	-1,802	-4,053[a]	2,251[c]	-0,156
	(-1,22)	(-5,76)	(-1,8)	(-0,10)
N	16	16	16	16
R²	0,6467	0,8442	0,0787	0,6195
Korr. R²	0,6214	0,8331	0,0129	0,5923

Absolute t-Werte in Klammern

[a] = signifikant auf 1-Prozent-, [b] = signifikant auf 5-Prozent-, [c] = signifikant auf dem 10-Prozent-Signifikanzniveau

Quelle: eigene Berechnungen

Diese Regressionsergebnisse zeigen, dass die Vorzeichen der Zeitvariablen (t) und (t²) in den *Tabellen 8* und *9* denen der *Tabellen 10* und *11* entsprechen. Eine Ausnahme bildet das Modell der politischen Stimmung der SPD, in welchem der Wert der Zeitvariablen (t) bei Hinzunahme der quadrierten Zeitvariablen (t²) nun ein positives Vorzeichen hat.

Tabelle 11: Einflussfaktoren auf die politische Stimmung hinsichtlich der Bundesregierung und der Opposition von 2005-2009

	Bundesregierung	SPD	CDU/CSU	Opposition
(t)	$0{,}073^c$	$0{,}02$	$0{,}053$	$-0{,}072$
	(-1,82)	(-1,070)	(-1,28)	(-1,65)
$(t)^2$	$-0{,}0005^a$	$-0{,}0003^a$	$-0{,}0003$	$0{,}0009^b$
	(-3,18)	(-3,47)	(-1,54)	(-2,89)
Konstante	$-6{,}620^a$	$-6{,}454^a$	$-0{,}166$	$4{,}595^b$
	(-3,48)	(-7,43)	(-0,08)	(-2,22)
N	16	16	16	16
R^2	0,8012	0,9192	0,2208	0,7682
Korr. R^2	0,7707	0,9068	0,1009	0,7325

Absolute t-Werte in Klammern

[a] = signifikant auf 1-Prozent-, [b] = signifikant auf 5-Prozent-, [c] = signifikant auf dem 10-Prozent-Signifikanzniveau

Quelle: eigene Berechnungen

Im Vergleich zu *Tabelle 9* zeigt sich hier bei den Modellen jedoch bis auf den Popularitätsverlauf der CDU ein leicht zyklischer Zusammenhang, da sich durch die zusätzliche Berücksichtigung der quadrierten Zeitvariablen das korrigierte Bestimmtheitsmaß R^2 teilweise stark verbessert. Zudem sind die $(t)^2$-Werte der Bundesregierung, der SPD und der Opposition signifikant, auch wenn sie geringer als 0,001 sind. Somit verlaufen die Popularitätskurven der Regierung und die der einzelnen Koalitionspartner entgegen der 2. Hypothese ∩-förmig über die Legislaturperiode hinweg, während die der Opposition sich u-förmig entwickelt. Auch in diesem Modell ist ein konstanter Verlauf der Popularität der CDU/CSU erkennbar, da die erklärte Varianz der Zeitvariablen (t) bzw. (t^2) im Vergleich zu den anderen Modellen sehr gering ist und weder (t) noch (t^2) einen signifikanten Einfluss haben.

Insgesamt kann im Großen und Ganzen bestätigt werden, dass sich die Popularität der Bundesregierung, der SPD, der CDU und der Opposition entsprechend der relativen Stimmanteile über die Legislaturperiode hinweg entwickelt.

Bei dieser Analyse des direkten Zusammenhangs zwischen der Popularität der Regierung bzw. Opposition und ihrem Abschneiden bei Landtagswahlen zeigt sich ein hoch signifikanter positiver Zusammenhang zwischen der Popularität der Bundesregierung bzw. der Opposition (*Tabelle 12*).

Tabelle 12: Einflussfaktoren auf die relativen Stimmanteile der Bundesregierung von 2005

	Bundesregierung	SPD	CDU/CSU	Opposition
Δ Popularität der Bundesregierung	2,191[a] (4,58)	4,068[a] (2,51)	1,81 (0,92)	3,564[a] (4,06)
Popularität des Ministerpräsidenten	0,127 (-0,58)	0,336[c] (0,08)	0,359[c] (2,01)	-0,676[c] (-1,82)
Δ Wahlbeteiligung	-0,493 (-1,20)	-1,094 (-1,16)	0,582 (0,73)	1,061 (1,41)
Konstante	122,533[a] (9,54)	144,32[a] (5,3)	87,818[a] (7,3)	82,647[a] (3,92)
N	16	16	16	16
R^2	0,6802	0,6262	0,5174	0,6414
Korrigiertes R^2	0,6002	0,6327	0,3967	0,5517

Absolute t-Werte in Klammern

[a]=signifikant auf 1-Prozent-, [b]=signifikant auf 5-Prozent-, [c]=signifikant auf 10-Prozent-Signifikanzniveau

Quelle: eigene Berechnungen

Getrennt nach den Regierungsparteien zeigt sich dies sowohl bei der SPD als auch bei der CDU/CSU, wobei sich die Korrelation bei der Union als nicht signifikant erweist. Auch wenn der Einfluss nur auf dem 10-Prozent-Niveau signifikant ist, haben die SPD-Ministerpräsidenten bzw. die der Union unabhängig voneinander gesehen einen Amtsbonus, der sich positiv auf die relativen Stimmanteile auswirkt. Bei der Betrachtung aller Ministerpräsidenten ist dieser positive Einfluss wesentlich geringer und nicht mehr signifikant. Wie erwartet wirkt sich eine höhere Popularität eines Ministerpräsidenten negativ auf die Resultate der Oppositionsparteien aus.

Die Wahlbeteiligung spielt keine signifikante Rolle bei dem Abschneiden der Parteien der Bundesregierung und der Opposition bei Landtagswahlen. Zwar wirkt sich, wie erwartet, eine höhere Differenz zwischen der Landtagswahl- und Bundestagswahlbeteiligung leicht negativ auf die relativen Stimmanteile der Bundesregierung aus. Dieser Zusammenhang zeigt sich jedoch nur bei der SPD und nicht bei der Union. Wie vorhergesagt steigen die relativen Stimmanteile der Opposition bei höheren Wahlbeteiligungsdifferenzen.

Insgesamt kann so die dritte Hypothese bestätigt werden, dass ein Zusammenhang zwischen der Popularität der Bundesregierung bzw. der Opposition und deren Abschneiden bei Landtagswahlen im Bezug zu den Bundestagswahlen existiert.

Entsprechend der vierten Hypothese wirkt sich eine hohe Differenz zwischen der Wahlbeteiligung der Bundes- und Landtagswahlen negativ auf das Abschneiden der Regierungsparteien bei Landtagswahlen aus. Jedoch ist dieser Zusammenhang nicht signifikant.

Die wirtschaftliche Situation und die Popularität der Bundeskanzlerin

Zur Überprüfung der fünften und sechsten Hypothese wird der Einfluss der gesamtwirtschaftlichen Situation und der Popularität der Bundeskanzlerin auf die Popularität der Regierung bzw. der Opposition untersucht (*Tabelle 13*).

Wie erwartet wirkt sich eine gute ökonomische Lage positiv auf die Popularität der Bundesregierung aus, während die Opposition davon nicht profitieren kann. Dieser Zusammenhang ist hoch signifikant. Die Beliebtheit der Bundeskanzlerin wirkt sich, wie vorhergesagt, positiv auf die politische Stimmung der Bundesregierung aus, auch wenn der Einfluss nicht signifikant ist. Bei den für die Koalitionspartner getrennt durchgeführten Analysen besteht eine positive, hoch signifikante Korrelation zwischen der Popularität Angela Merkels und der Popularität der CDU/CSU. Dagegen profitiert, wie erwartet, die SPD nicht von der Zustimmung für die Bundeskanzlerin, wobei die Korrelation nicht signifikant ist.

Tabelle 13: Einflussfaktoren auf die politische Stimmung von 2005

Faktoren	Bundesregierung	SPD	CDU/CSU	Opposition
Ökonomischen Performanz	4,324[a]	2,484[a]	1,84[a]	-4,307[a]
	(6,53)	(4,35)	(5,31)	(-6,30)
Beliebtheit von Angela Merkel	3,837	-2,629	6,465[a]	-4,98[c]
	(-1,58)	(-1,26)	(5,10)	(-1,99)
Konstante	-15,986[a]	-4,117	-11,868[a]	16,21[a]
	(-3,27)	(-0,98)	(-4,64)	(3,21)
N	16	16	16	16
R^2	0,7665	0,6607	0,7662	0,7536
Korrigiertes R^2	0,7306	0,6085	0,7303	0,7157

Absolute t-Werte in Klammern
***signifikant auf 1-Prozent-, **signifikant auf 5-Prozent-, *signifikant auf 10-Prozent-Signifikanzniveau
Quelle: eigene Berechnungen

Auch die Opposition schneidet umso schlechter ab, je populärer die Kanzlerin ist. Hier ist der Faktor signifikant, jedoch nur auf dem 10-Prozent-Signifikanzniveau. Die ökonomischen Faktoren und die Beliebtheit der Bundeskanzlerin erklären insgesamt sehr gut die jeweilige Höhe der politischen Stimmung der entsprechenden Parteien, wobei die Erklärungskraft bei der SPD am geringsten ist. Insgesamt verbessert jedoch die Hinzunahme der Variablen „Beliebtheit von Angela Merkel" nicht bedeutend die zu erklärenden Popularitätsunterschiede der Parteien.

Insgesamt kann die fünfte Hypothese bestätigt werden: Eine schlechtere gesamtwirtschaftliche Situation wirkt wie vorhergesagt signifikant negativ auf die politische Stimmung der Bundesregierung aus, während die Opposition davon profitieren kann. Jedoch ist bei der Analyse die seit 2008 um sich greifende Finanz- und Wirtschaftskrise nicht miteinbezogen (s.u.).

Wie erwartet wirkt sich die Popularität der Bundeskanzlerin entsprechend der sechsten Hypothese positiv auf die Popularität der Regierung und negativ auf die der Opposition aus. Jedoch ist der Zusammenhang nicht bzw. nur schwach signifikant.

Zusammenfassung

Die Ergebnisse der Analyse über den Zeitraum von 2005 bis 2009 lassen sich wie folgt zusammenfassen:

Tabelle 14: Ergebnisse der Hypothesen über das Abschneiden der Regierungsparteien bei Landtagswahlen

Nr. der Hypothese	Annahme	Ergebnis
1.	Die Bundesregierungsparteien CDU/CSU und SPD verlieren bei Landtagswahlen im Vergleich zu Bundestagswahlen durchschnittlich an Stimmanteilen.	falsifiziert
2	Je größer der zeitliche Abstand einer Landtagswahl zu einer Bundestagswahl ist, umso größer sind die Stimmenverluste der Bundesregierungsparteien bei dieser Wahl.	falsifiziert
3.	Die Stimmenverluste der Bundesregierungsparteien bei Landtagswahlen sind umso geringer, je populärer die Bundesregierung ist.	verifiziert
4.	Je größer der Unterschied zwischen der Wahlbeteiligung bei Landtagswahlen und Bundestagswahlen ist, umso höher sind die Verluste der Bundesregierungsparteien bei diesen Landtagswahlen.	nicht signifikant
5.	Je besser die gesamtwirtschaftliche Situation ist, umso populärer ist die Bundesregierung.	verifiziert, mit Vorbehalt
6.	Je beliebter die Bundeskanzlerin ist, umso populärer ist die Bundesregierung.	nicht signifikant

Quelle: eigene Darstellung

Die entsprechenden Hypothesen über die Opposition sind entsprechend der Ergebnisse über die Bundesregierung zu bestätigen bzw. zu widerlegen.

Es zeigt sich, dass die Popularität der Bundesregierung maßgeblich das Abschneiden der an der Regierung beteiligten Parteien beeinflusst. Es scheint vor allem ein Zusammenhang zwischen der ökonomischen Lage und dieser Popularität zu bestehen. Entsprechend können die Ergebnisse auf die Oppositionsparteien übertragen werden, wobei diese auf den ersten Blick nicht von einer besseren gesamtwirtschaftlichen Situation profitieren können. Ob die ökonomische Performanz tatsächlich den entscheidenden Faktor darstellt, ist aufgrund der Finanz- und Wirtschaftskrise ab 2008 diskutabel.

Methodische Probleme

Bei der Analyse der Wahlen in Bayern ist zu berücksichtigen, dass hier die CSU anstelle der CDU antritt. Prinzipiell ist dies jedoch kein Problem, da diese Partei in diesem Bundesland sowohl bei den Landtagswahlen, als auch bei den Bundestagswahlen antritt.

Regionale Parteien, welche nur bei bestimmten Landtagswahlen erfolgreich antreten, führen zu systematischen Verzerrungen bei den relativen Stimmanteilen. Wie bereits erwähnt, wurde versucht diese Problematik zu lösen, indem Parteien, welche mehr als 7,5 Prozent bei einer Landtagswahl erreicht haben, berücksichtigt wurden. In dem untersuchten Zeitraum sind dies die „Freien Wähler" in Bayern. Diese Grenze von 7,5 Prozent ist jedoch willkürlich festgelegt. So erreichte zum Beispiel der „Südschleswigsche Wählerverband" (SSW), welcher aufgrund einer Ausnahmeregelung nicht der 5-%-Hürde unterliegt, bei der Landtagswahl in Schleswig-Holstein 2009 4,3 Prozent der Stimmen. Diese Stimmen gehen zulasten der anderen Parteien und werden bei der Berechnung der relativen Stimmanteile nicht berücksichtigt. Des Weiteren gibt es Parteien, welche zwar bei beiden Wahlen antreten, jedoch in einigen Ländern (ohne Ausnahmeregelung) den Einzug in den Landtag geschafft haben: Dieser Fall, der derzeit auf die NPD in Sachsen und Mecklenburg-Vorpommern zutrifft, ist jedoch nicht weiter problematisch, da sich die Landtagswahlergebnisse dieser Partei nicht wesentlich von den Bundestagswahlergebnissen in den Ländern unterscheiden. Umgekehrt gibt es keine Partei in Deutschland, welche nur bei Bundestagswahlen antritt und dabei Ergebnisse um die 5 % erreicht. Zu betrachten ist jedoch die 2006 gegründete Piratenpartei, welche mit 2,0 Prozent bei der Bundestagswahl 2009 das beste Ergebnis der Parteien hatte, welche nicht im Bundestag vertreten sind. Zudem trat diese Partei bei einigen Landtagswahlen an, bei welchen sie ähnliche Resultate erzielte. Dadurch kommt es zu geringen Verzerrungen bei der Berechnung der relativen Stimmanteile.

Bei der Berechnung der relativen Stimmanteile werden die Bundestagswahlen vor und nach der Landtagswahl berücksichtigt. Dadurch wird der Stimmenanteil der Parteien zum Zeitpunkt der Landtagswahl berechnet, welche diese bei einer gleichzeitig stattfindenden Bundestagswahl erwarten könnten. Es ist auch inhaltlich sinnvoll, wenn nur die vorherige Bundestagswahl berücksichtigt wird (vgl. Burkhart 2005). Zur genaueren Messung dieser erwarteten Stimmanteile wären nach Ländern geordnete Bundestagswahlergebnisse, welche anhand von repräsentativen Wahlumfragen ermittelt wurden, exakter. Da die derzeit existierenden Wahlumfragen der verschiedenen Institute nur repräsentativ für alle Wahlberechtigten in Deutschland sind, kann von diesen Daten nicht auf die einzelnen Bundesländer geschlossen werden.

Bei der Variablen „Popularität der Bundesregierung" wird jeweils der Wert, welcher direkt vor einer Landtagswahl gemessen wurde, verwendet. Längerfristige Trends werden somit nicht berücksichtigt. Diese könnten anhand früherer Umfragen berechnet werden.

Bei der Bildung des Faktors „ökonomische Performanz" gehen die Variablen „Arbeitslosigkeit", „Inflation" und „Wirtschaftswachstum", wie beschrieben, mit ein. Höhere Werte dieses Faktors bedeuten ein höheres Wirtschaftswachstum, dadurch eine höhere Inflation und eine niedrigere Arbeitslosigkeit. Dieser Umstand wird als verbesserte ökonomische Gesamtsituation gesehen, obwohl die Inflation höher ist. Da jedoch alle drei Variablen zu den ökonomischen Standardindikatoren gehören, werden sie für die Analyse der gesamtwirtschaftlichen Situation verwendet. Jedoch wird bei der Analyse die Finanz- und Wirtschaftskrise ab 2008 nicht gesondert berücksichtigt.

Generell besteht das Problem der geringen Fallzahlen. Dies hat zur Folge, dass die Schätzer der Regressionskoeffizienten aufgrund der höheren Standardfehler ungenauer sind (Gross & Kriwy 2009: 10).

Effekte von Landtagswahlen auf die Bundespolitik

Bisher wurde der Einfluss der Bundespolitik auf Landtagswahlen untersucht. Jedoch auch umgekehrt bestimmten die Ergebnisse der Wahlen auf Landesebene Institutionen, Strukturen, Parteien und Koalitionen auf Bundesebene. Nach Fabritius hemmen oder beschleunigen Landtagswahlen Entscheidungen der Legislative und der Exekutive bzw. führen dazu, dass Maßnahmen verändert oder ganz unterlassen werden (1978: 27).

Koalition auf Bundesebene

Als erster untersuchte Kaack (1974) den Zusammenhang zwischen Landtagswahlen und Bundespolitik und die politischen Folgen. Nach ihm stellen die Landtagswahlen von 1970 bis 1972 eine Besonderheit dar, da sie der CDU/CSU-Opposition „als Hebel zur Veränderung der Mehrheitsverhältnisse im Bundestag" dienten (Kaack 1974: 1). Die erste sozialliberale Koalition im Bund unter dem Bundeskanzler Willy Brandt (SPD) besaß eine knappe Mehrheit von 12 Sitzen im Bundestag und dauerte von 1969 bis 1972. Seit dem Amtsantritt dieser neuen Bundesregierung kam es zu Übertritten aus der SPD- bzw. FDP-Bundestagsfraktion zur CDU/CSU-Fraktion. Da die FDP von Anfang an nicht geschlossen hinter der Koalition stand, hing die Stabilität dieser besonders von den Wahlergebnissen der FDP bei den Landtagswahlen von 1970 bis 1972 ab: Je schlechter die Liberalen bei diesen Wahlen abschnitten, umso instabiler wurde die Koalition im Bund, da dadurch die Wahrscheinlichkeit stieg, dass sich die Gesamtpartei neu orientiert (Kaack 1974). Zusätzlich zu den Parteiübertritten kam es zu Stimmgewinnen der CDU/CSU bei fast allen Landtagswahlen in dem oben genannten Zeitfenster, wobei jedoch die Kräfteverhältnisse im Bundesrat konstant blieben. Kaack schlussfolgert aus dieser Entwicklung, dass die Landtagswahlen weitgehend bundespolitisch „umfunktioniert" (Kaack 1974: 1) wurden.

Allgemein gesprochen schlussfolgert Kaack daraus, dass sich vor allem die kleineren Koalitionspartner auf Bundesebene anhand der Landtagswahlergebnisse positionieren: Wenn sie an Stimmen hinzugewinnen, lohnt sich ihre Arbeit in der Bundesregierung. Falls dies nicht der Fall ist, wird versucht sich „noch stärker gegenüber der führenden Regierungspartei zu profilieren" (Kaack, 1974: 5).

Da zwischen 2005 und 2009 eine große Koalition die Regierung stellte, konnte sich diese auf eine breite Mehrheit im Bundestag stützen. Dennoch ist nicht auszuschließen, dass die Stabilität der Koalition abhängig von den Landtagswahlergebnissen war. Da jedoch die SPD vor der Bundestagswahl 2005 eine Koalition mit der Linkspartei ausgeschlossen hatte, hätte eine rot-rot-grüne Regierung nur durch einen Wortbruch gebildet werden können. Es wäre jedoch möglich gewesen, dass die Landtagswahlergebnisse der SPD zu einem Umdenken in der Partei geführt hätte. Konsequenzen wären vorgezogene Neuwahlen oder die bereits erwähnte Bildung einer rot-rot-grünen Koalition gewesen. Theoretisch wäre auch die Bildung einer Koalition aus SPD, Grüne und FDP, die so genannte „Ampel", möglich gewesen. Diese Konstellation wurde jedoch von der FDP ausgeschlossen. Eine „Jamaika"-Koalition aus CDU/CSU, Grüne und FDP scheiterte an der Bereitschaft der Grünen. Analysen von Linhart (2006) kommen zu dem Ergebnis, dass die große Koalition als relativ stabil angesehen werden kann, da bei den genannten Alternativkoalitionen ein „strukturell instabiler Kern" (Linhart 2006: 18) existiert. Theoretisch hätte nur eine mögliche rot-rot-grüne Koalition die Stabilität der großen Koalition gefährden können.

Außer in Brandenburg und Hessen verlor die CDU/CSU bei den Landtagswahlen zwischen 2005 und 2009 im Vergleich zu den vorherigen Landtagswahlen prozentual an Stimmen[24]. Anhand guter Umfragewerte[25] der CDU/CSU und der FDP, welche eine schwarz-gelbe Regierungsmehrheit im Bundestag vorhersagten, hätte die CDU/CSU jedoch theoretisch die Möglichkeit gehabt vorzeitig Neuwahlen anzustreben.

Im Endeffekt beeinflussten die Landtagswahlen die Regierungskoalition nicht in diesem Maße, dass es zu einem vorzeitigen Ende der Koalition gekommen ist. Im Gegenteil, Bundeskanzlerin Merkel und der damalige SPD-Vorsitzende Franz Müntefering bekräftigten, dass sie die Koalition bis zum Ende der Legislaturperiode fortsetzen wollen.[26]

Politiker

Landtagswahlergebnisse, besonders wenn sie sich durch extreme Stimmenhinzugewinne oder hohe Verluste einer Partei auszeichnen, haben Auswirkungen auf die Position des entsprechenden Spitzenkandidaten oder Ministerpräsidenten dieses Landes in der Hierarchie der entsprechenden Partei (Kaack, 1974: 5).

---

24 http://www.bundeswahlleiter.de/de/landtagswahlen/ergebnisse
25 http://www.forschungsgruppe.de/Umfragen_und_Publikationen/Politbarometer/Archiv
26 http://www.faz.net/s/Rub594835B672714A1DB1A121534F010EE1/Doc~ED0680688
    AAC64207B5C0F961992096EB~ATpl~Ecommon~Scontent.html

Ein Beispiel für einen Abstieg auf der bundespolitischen Hierarchieposition ist die ehemalige hessische Spitzenkandidatin Andrea Ypsilanti (SPD), welche mit dem Versuch scheiterte nach der Landtagswahl am 27. Januar 2008 eine von der Linkspartei tolerierte rot-grüne Minderheitsregierung zu bilden. Eine solche Tolerierung hatte sie vor der Wahl noch ausgeschlossen. Dieser Vorgang stieß auch auf Kritik auf der Bundesebene der SPD. Dem aktuellen Bundesvorstand gehört sie seither nicht mehr an.

Auf der anderen Seite führte der Wahlsieg Kurt Becks (SPD), welcher, gemäß der „Forschungsgruppe Wahlen", die zweithöchsten Popularitätswerte unter den Ministerpräsidenten zwischen 2005 und 2009 unmittelbar vor der Wahl aufweisen konnte, bei der Landtagswahl am 26. März 2006 zu einer SPD-Alleinregierung. Es ist anzunehmen, dass dieser Erfolg, neben anderen Faktoren, dazu führte, dass er am 14. Mai 2006 zum Bundesvorsitzenden seiner Partei gewählt wurde.

Als besonderer Ausnahmefall ist die Landtagswahl 1998 in Niedersachsen zu sehen: Mit Stimmenzuwächsen konnte die SPD unter dem damaligen Ministerpräsidenten Gerhard Schröder (SPD) die absolute Mehrheit der Sitze im Landtag verteidigen, und Gerhard Schröder wurde kurze Zeit später zum Kanzlerkandidaten seiner Partei für die Bundestagswahl 1998 ausgerufen.

Der Bundesrat

Insgesamt stellt die Institution des Bundesrates in Deutschland eine relativ starke Kammer dar. Da mehr als 60 Prozent aller Bundesgesetze der Zustimmung des Bundesrates bedürfen, spielt dessen parteipolitische Zusammensetzung eine wichtige Rolle (Hough & Jeffery 2003).

Der Föderalismus bringt u.a. mit sich, dass Landtagswahlen in den einzelnen Bundesländern zeitlich nicht oder nur in Ausnahmefällen zusammenfallen. Das ist im Wesentlichen auf zwei Ursachen zurückzuführen. Zum einen wurden die einzelnen Bundesländer in der Nachkriegszeit zu unterschiedlichen Zeiten neu bzw. wieder gegründet. Zum anderen variiert die Dauer der Legislaturperiode der einzelnen Landesparlamente zwischen 4 und 5 Jahren. Falls der Wahlzyklus empirisch bestätigt wird, können schon bloße Änderungen der Wahltermine innerhalb der Legislaturperiode die Mehrheitsverhältnisse im Bundesrat beeinflussen (Dinkel 1977: 358).

Bis zur zweiten sozial-liberalen Koalition 1972 entsprachen die Mehrheitsverhältnisse im Bundestag denen des Bundesrates. Seitdem führten Verluste der Regierungsparteien bei den Landtagswahlen in einer Legislaturperiode meist zu einer Oppositionsmehrheit im Bundesrat. Als Folge der Regierungsverluste bei den Landtagswahlen ist es somit zur Regel geworden, dass unterschiedliche Mehrheitsverhältnisse im Bundestag und im Bundesrat existieren (Decker & von Blumenthal 2002: 145). Dies wird als Wechsel von einer „unified" zu einer „divided government" (Burkhart 2008: 14) bezeichnet.

So stand beispielsweise vor der Bundestagswahl 1998 der schwarz-gelben Bundesregierung eine breite rot-grüne Mehrheit im Bundesrat gegenüber. Diese „divided government" wandelte sich in eine „unified government", da nach der Wahl SPD und Grüne die neue Regierungskoalition stellten. Dieser Zustand währte jedoch nur bis zur Landtagswahl am 7. Februar 1999 in Hessen, in Folge welcher die rot-grüne Bundesratsmehrheit verloren ging. Da die neue CDU-Landesregierung unter Roland Koch erst am 17. April 1999 gebildet wurde, konnte der Bundesrat noch den umstrittenen Neuregelungen bezüglich der geringfügig Beschäftigten im März mit der rot-grünen Stimmenmehrheit zustimmen (Schmidt 2005: 122).

Umgekehrt stellten die Oppositionsparteien CDU/CSU und FDP im Bundesrat nach der Landtagswahl in Nordrhein-Westfalen 2005 eine Zwei-Drittel-Mehrheit, die einer rot-grünen Bundesregierung gegenüberstand. Diese Mehrheit ist von Bedeutung, da ein Einspruch des Bundesrates mit einer Zwei-Drittel-Mehrheit bei Einspruchsgesetzen vom Bundestag nur mit einer Zwei-Drittel Mehrheit, oder mindestens mit den Stimmen der absoluten Mehrheit, zurückgewiesen werden kann (Art. 77 GG). Nach dieser Wahl wurden Neuwahlen im Bund ausgerufen.

Zu Beginn ihrer Legislaturperiode 2005 hatte die Bundesregierung eine, wenn auch knappe, eigene Mehrheit im Bundesrat (Zohlnhöfer 2009). Durch den Gewinn der absoluten Mehrheit der SPD in Rheinland-Pfalz und der Ablösung der schwarz-gelben Landesregierung durch eine große Koalition in Sachsen-Anhalt am 26. März 2006 konnten die Parteien der Bundesregierung ihre Bundesratsmehrheit ausbauen.

Da nach der Landtagswahl am 17. September 2006 in Mecklenburg-Vorpommern ebenfalls eine große Koalition gebildet wurde, wuchs diese Stimmenzahl im Bundesrat zu einer Zwei-Drittel-Mehrheit an. Da die große Koalition sich ebenfalls auf eine Zwei-Drittel Mehrheit im Bundestag stützen konnte, waren Grundgesetzänderungen möglich.

Durch Beteiligungen der FDP und der Grünen an verschiedenen Landesregierungen 2008 verloren die großen Koalitionsparteien jedoch wieder zunehmend an Sitzen im Bundesrat. Aufgrund des Verlustes der absoluten Mehrheit der CSU in Bayern, wurde dort eine schwarz-gelbe Koalition gebildet. Dadurch standen im Bundesrat den 35 Stimmen der CDU/CSU und SPD 34 Stimmen der Oppositionsparteien gegenüber.

Nachdem die bis dahin allein regierende CDU nach der Landtagswahl in Hessen im Februar 2009 eine Koalition mit der FDP bilden musste, ging diese Mehrheit endgültig verloren und die große Koalition war ab diesem Zeitpunkt auf die Zustimmung eines „gemischt regierten" (Zohlnhöfer 2009) Landes angewiesen.

Dennoch unterscheidet sich diese Situation von den bereits beschriebenen Mehrheitsverhältnissen im Bundestag und Bundesrat vor der Bundestagswahl 1998 bzw. 2005. Während die große Koalition nur auf die Zustimmung eines Landes angewiesen war, stand der schwarz-gelben bzw. rot-grünen Regierung 1998 bzw. 2005 eine große Mehrheit im Bundesrat gegenüber. Zudem war damals im Gegensatz zu den Zeiten der großen Koalition eine der beiden Volksparteien in der Opposition im Bundestag. Diese große Oppositionspartei stellte zusammen mit einer kleinen die klare Mehrheit im Bundesrat. Dies hatte zur Folge, dass die Zustimmung eines einzelnen Bundeslandes im Bundesrat nicht das „Zünglein an der Waage" darstellte.

Auf den ersten Blick scheint es bei gleichen Mehrheitsverhältnissen im Bundestag und Bundesrat eine bessere Zusammenarbeit zwischen den beiden Kammern bei zustimmungspflichtigen Gesetzen zu geben. Jedoch ist zu berücksichtigen, dass in dieser Situation die Ministerpräsidenten eine stärkere Position erhalten und diese ihre Interessen als Landesvertreter in den Vordergrund rücken können. Es ist nicht unbedingt davon auszugehen, dass diese alle Gesetzesvorhaben unkritisch mittragen.

Es scheint nahe liegend, dass es bei der Existenz einer „divided government" zu einer Blockadepolitik durch den Bundesrat kommt. Bei zustimmungsbedürftigen Gesetzen muss es zu einer politischen Einigung zwischen Regierung und Opposition kommen. Decker und von Blumenthal bezeichnen diese Korrektivfunktion der Oppositionsparteien als heikel (2002: 145), da diese Gesetzesvorhaben der Regierung verhindern oder verbessern können.

Dieser Einfluss auf das Politikgeschehen auf Bundesebene schafft somit politische Mitverantwortung. Falls die Oppositionsparteien im Bundesrat konstruktiv mit der Regierung zusammenarbeiten, nimmt der Wähler die Oppositionsparteien nicht mehr als Alternative wahr und stellt den Nutzen eines Regierungswechsels in Frage.

Burkhart legt in ihrem Buch „geteilte Politik" (2008: 159) den Fokus auf den Prozess der Gesetzgebung. Sie kommt zu dem Schluss, dass je eindeutiger die geteilten Mehrheitsverhältnisse zwischen der Regierung und der Opposition sind, umso mehr agiert die Bundesregierung antizipierend und sucht die Zusammenarbeit mit der Opposition. Der Kompromiss wird somit oft schon vor der Einbringung des Gesetzes gesucht.

Schlussendlich stimmt die große Oppositionspartei im Bundestag 90 % aller Zustimmungsgesetze zu, falls ein klar oppositionsdominierter Bundesrat existiert (Burkhart 2008: 160).

Umgekehrt versucht die Regierung bei unsicheren und knappen Mehrheiten im Bundesrat einzelne Länder bei zustimmungspflichtigen Gesetzen für sich zu gewinnen und generell nicht mit der Opposition zu kooperieren.

Wie genau der Bundesrat in Zeiten der großen Koalition zwischen 2005 und 2009 agierte, ist in zukünftigen Forschungen zu untersuchen.

Schlussfolgerungen

Die zentrale Fragestellung, ob zwischen 2005 und 2009 ein Wahlzyklus besteht, kann eindeutig verneint werden.

Die Voraussetzung für einen u-förmigen zyklischen Verlauf der Verluste der Regierungsparteien über die Legislaturperiode hinweg war nicht gegeben, da die Regierungsparteien bei den Landtagswahlen im Vergleich zu den Bundestagswahlen an Stimmen hinzugewannen. Die große Koalition konnte bei den Landtagswahlen durchschnittlich mehr Stimmen auf sich vereinen, als sie hätten aufgrund ihrer Bundestagswahlergebnisse 2005 und 2009 in den Ländern erwarten können. Zwar erreichte die SPD bei den Landtagswahlen durchschnittlich weniger Stimmen als erwartet, jedoch wurde dies durch das deutlich bessere Abschneiden der Union auf Landesebene mehr als ausgeglichen. Einer der Gründe für das durchschnittlich bessere Abschneiden der Union auf Landesebene, im Vergleich zu den Bundestagswahlen, war, dass die CDU bei der Bundestagswahl 2005 mit 27,8 Prozent das niedrigste Ergebnis seit 1953 erreichte, während die CSU mit 7,4 Prozent durchschnittlich abschnitt[27]. 2009 erzielten die Unionsparteien jeweils ihr schlechtestes Ergebnis bei einer Bundestagswahl seit 1949. Somit konnte die CDU/CSU bei den dazwischen stattfindenden Landtagswahlen im Vergleich zu diesen Resultaten prinzipiell nur dazu gewinnen. Der durchschnittliche Verlust der SPD bei den Landtagswahlen ist umso bemerkenswerter, da die SPD 2005 eines ihrer niedrigsten und 2009 das niedrigste jemals erzielte Bundestagswahlergebnis erreichte. Somit kann die Schlussfolgerung der „less-at-stake" Dimension, des „second-order"-Ansatzes und das „sincere-voting"-Modell nicht bestätigt werden, nach welcher kleine Parteien besser bei Landtagswahlen und große Parteien besser bei Bundestagswahlen abschneiden.

Entsprechend dazu erzielte die Opposition zusammengenommen in dieser Legislaturperiode durchschnittlich ein niedrigeres Ergebnis bei Landtagswahlen als es im Vergleich zu den Bundestagswahlen zu erwarten war, da die kleinen Parteien bei den Bundestagswahlen überdurchschnittlich gut abschnitten: Während die FDP und die Grünen 2005 eines ihrer höchsten Zweitstimmenergebnisse erzielte, verdoppelte die Linkspartei ihre Prozentzahl im Vergleich zu den vorherigen Wahlen. 2009 erreichten die Oppositionsparteien gar jeweils ihre besten Bundestagswahlergebnisse seit Bestehen ihrer Parteien. Für diese kleinen Parteien war es daher schwer, ihre auf der Bundesebene erzielten Rekordergebnisse bei den Landtagswahlen zu übertreffen.

Dennoch konnte gezeigt werden, dass die erzielten Ergebnisse der Parteien bei den Landtagswahlen bezogen auf die Bundestagswahlen nach einem gewis-

---

27 http://www.km.bayern.de/blz/eup/01_06_themenheft/2_1.asp

sen zeitlichen Muster verlaufen: Die Gewinne der Bundesregierungsparteien bei den Landtagswahlen werden, mit wenigen Ausreißern, zunehmend geringer, so dass sie ab Mitte der Legislaturperiode weniger Stimmen erreichen als zu erwarten gewesen wäre. Während diese Verluste der CDU/CSU über die Zeit hinweg marginal sind, erzielt die SPD bei den Landtagswahlen konstant schlechtere Ergebnisse. Somit scheint es, dass die Wähler den regierenden Parteien bei Landtagswahlen zunächst eine Schonfrist gewähren. Mit zunehmender Dauer der Regierungszeit nimmt diese zunehmend ab (vgl. Ergebnisse von Abramowitz, Cover und Norpoth 1986). Dagegen gewinnen die Oppositionsparteien mit zunehmender Dauer hinzu.

Ausnahmen bilden die Bürgerschaftswahl in Hamburg und die Landtagswahl in Hessen, welche Anfang 2008 stattfanden. In Hamburg konnten die Bundesregierungsparteien ihr bestes Ergebnis bei einer Landtagswahl im Vergleich zu den Bundestagswahlen in der untersuchten Legislaturperiode erzielen. Vor allem die CDU schnitt bei dieser Wahl aufgrund des populären Ministerpräsidenten Ole von Beust überdurchschnittlich gut ab. Zudem besaß die Partei mehrere Möglichkeiten der Bildung einer Koalition, da vor der Wahl eine Zusammenarbeit mit den Grünen nicht ausgeschlossen worden war. Bei der Landtagswahl in Hessen am 27. Januar 2008 erzielten die Regierungsparteien im Vergleich zu den Bundestagswahlen ein überdurchschnittlich gutes Ergebnis, da die SPD offensichtlich von den guten Umfragewerten ihrer Spitzenkandidatin Andrea Ypsilanti[28] profitieren konnte. Das schlechte Abschneiden der SPD bei der Bundestagswahl 2009 in dem Bundesland Hessen kann jedoch ebenfalls in Zusammenhang mit der Person Ypsilanti gesehen werden. Diese hatte nach der Landtagswahl 2008 vergeblich versucht eine von der Linkspartei tolerierte Landesregierung zu bilden, wobei diese Tolerierung vor der Wahl ausgeschlossen worden war.

Die Analysen bestätigen mehrere Untersuchungen (vgl. Burkhart 2005, 2008; Hough & Jeffery 2003), welche zeigen konnten, dass seit der Wiedervereinigung 1990 kein Wahlzyklus bei den Landtagswahlen mehr besteht. Dies bedeutet jedoch nicht, wie Hough und Jeffery (2003) behaupten, dass der Einfluss der Bundespolitik auf die Landtagswahlen geringer geworden sei. Die Popularität der jeweiligen Parteien beeinflusst nach wie vor stark ihr entsprechendes Ergebnis auf Landesebene.

Somit kann der „presidental-penalty"-Ansatz eindeutig zurückgewiesen werden, da das Abschneiden der Bundesregierung bei Landtagswahlen mit deren Popularität bzw. der Beliebtheit der Bundeskanzlerin signifikant positiv korreliert. In diesem Zusammenhang kann auch prinzipiell die „balancing"-Theorie

---

28 http://www.sueddeutsche.de/politik/459/431210/text

falsifiziert werden. Es ist unwahrscheinlich, dass die Landtagswahlen in der Legislaturperiode benutzt wurden um ein „check-and-balance"-System zwischen Bundestag und Bundesrat zu installieren. Wie erwähnt verlor die große Koalition durch die Landtagswahl in Hessen im Februar 2009 ihre eigene Mehrheit im Bundesrat und war auf die Zustimmung eines „gemischt regierten" (Zohlnhöfer 2009) Landes angewiesen. Jedoch ist es mehr als fraglich, ob dieser Umstand einen signifikanten Einfluss auf das Wahlverhalten bei dieser oder einer anderen Landtagswahl in der Legislaturperiode hatte.

Auch die Theorie der Logik des demokratischen Regierungshandelns, nach der früh eingeführte unpopuläre Reformen ursächlich für den Wahlzyklus sind, ist widerlegt, da die Popularität der Bundesregierung über die Legislaturperiode hinweg nicht u-förmig verlief, sondern stetig abnahm. Ob Reformen an sich einen Einfluss auf die Beliebtheit der Regierung haben, müsste in weiteren Studien analysiert werden.

Die empirischen Untersuchungen zeigten des Weiteren einen signifikanten Zusammenhang der Popularität der Bundesregierung mit der gesamtwirtschaftlichen Situation. Jedoch ist bei der ökonomischen Entwicklung von 2005 bis 2009 zu beachten, dass es mit der Finanzkrise 2008 zur größten „[Wirtschafts]-Krise seit 1929" [29] gekommen ist, so dass Deutschland „vor einer tief greifenden Rezession" (Machnig & Raschke 2009: 18) steht. Somit kann die gesamtwirtschaftliche Situation seit diesem Zeitpunkt als außergewöhnlich bezeichnet werden. Es ist fraglich, ob die zunehmend schlechtere ökonomische Performanz die Popularitätswerte der Bundesregierung beeinflusst, da diese Wirtschaftskrise primär nicht durch politische Entscheidungen der großen Koalition ausgelöst wurde. Umfragen zeigten zudem, dass die Bürger mit dem Krisenmanagement beispielsweise zur Rettung des Bankenwesens zufrieden sind[30]. Auch das verabschiedete Konjunkturpaket fand eine mehrheitliche Zustimmung[31]. Somit kann die Referendumstheorie, nach der die gesamtwirtschaftliche Situation sich auf die Popularität der Bundesregierung auswirkt, nur unter Vorbehalt bestätigt werden. Da die Inflation vor der Bundestagswahl 2005 bzw. 2009 nicht gestiegen ist[32], sind zudem die Annahmen der „political business cycle"-Hypothese zu

---

29 http://www.morgenpost.de/printarchiv/titelseite/article1051089/Welthandel_bricht_ein_groesste_Krise_seit_1929.html
30 http://www.forschungsgruppe.de/Umfragen_und_Publikationen/Politbarometer/Archiv/Politbarometer_2008/Oktober_II_2008/
31 http://www.forschungsgruppe.de/Umfragen_und_Publikationen/Politbarometer/Archiv/Politbarometer_2009/Januar_I_2009/
32 http://www.destatis.de/jetspeed/portal/cms/Sites/destatis/Internet/DE/Content/Statistiken/Zeitreihen/WirtschaftAktuell/Basisdaten/Content100/vpi001a.psml

falsifizieren. Auch ist es direkt nach der Bundestagswahl 2005 nicht zu der postulierten Rezession gekommen.[33].

Die Beliebtheit der Bundeskanzlerin Angela Merkel (CDU) hat zwar ebenfalls einen Einfluss auf die Popularität der Bundesregierungsparteien, jedoch ist dieser Zusammenhang nur für die Popularität der CDU signifikant.

Auch konnte gezeigt werden, dass sich eine hohe Differenz der Wahlbeteiligungen zwischen Bundes- und Landtagswahlen, wie erwartet, negativ auf das Abschneiden der Bundesregierungsparteien bei Landtagswahlen auswirkt, wobei auch hier zu beachten ist, dass diese Korrelation nicht signifikant ist (vgl. „surge-and-decline"-Hypothese)

Dagegen gibt es Anhaltspunkte, dass der „coattail"-Ansatz nicht verifiziert werden kann. Bei den Landtagswahlen in Brandenburg und Schleswig-Holstein, welche zeitgleich mit der Bundestagswahl 2009 stattfanden, waren zwar die Wahlbeteiligung in diesen Ländern wie erwartet mit 67,0 Prozent in Brandenburg und 73,6 Prozent in Schleswig-Holstein deutlich höher als bei den anderen Landtagswahlen in dieser Legislaturperiode. Jedoch wirkte sich die hohe Popularität von Angela Merkel offensichtlich nicht positiv auf die Landtagsergebnisse der CDU in Schleswig-Holstein und Brandenburg aus. Ganz im Gegenteil: Die relativen Stimmanteile der CDU bei diesen beiden Landtagswahlen sind mit die niedrigsten in der gesamten Legislaturperiode. Somit konnte sich der schleswig-holsteinische Ministerpräsident der CDU und der CDU-Spitzenkandidat in Brandenburg nicht an den Rockzipfel („coattail") von Angela Merkel hängen. Eine mögliche Erklärung sind die hohen Popularitätswerte des SPD-Ministerpräsidenten in Brandenburg, Matthias Platzeck, zum Zeitpunkt der Wahl. Diese wirkten sich positiv auf das Abschneiden der SPD in Brandenburg aus. Folglich musste die CDU Verluste hinnehmen. In Schleswig-Holstein schnitten die Bundesregierungsparteien insgesamt schlecht ab. Möglicherweise waren die Streitigkeiten innerhalb der CDU-SPD Landeskoalition, welche zu dieser vorgezogenen Landtagswahl führten, für dieses Ergebnis ausschlaggebend.

Ob nur die unzufriedenen Bürger an Landtagswahlen teilnehmen um die Bundesregierung abzustrafen, wie das „negative voting" Modell postuliert, kann anhand der Daten nicht überprüft werden, da dazu eine Untersuchung des individuellen Wählerverhaltens nötig wäre.

Zusammenfassend zeigt sich, dass die Bundesregierungsparteien über die gesamte Legislaturperiode hinweg bei den Landtagswahlen sukzessive an Stim-

---

33 http://www.destatis.de/jetspeed/portal/cms/Sites/destatis/Internet/DE/Content/Statistiken/Zeitreihen/WirtschaftAktuell/VolkswirtschaftlicheGesamtrechnungen/ Content100/kvgr111x12,templateId=renderPrint.psml

men verlieren, da die Schonfrist der Wähler abnimmt. Das anfänglich gute Abschneiden der Regierungsparteien bei den Wahlen auf Landesebene kann mit einer von den Bürgern gewährten Schonfrist und der bis Ende 2007 guten gesamtwirtschaftlichen Situation erklärt werden. Die Union schnitt, wie erwähnt, bei den Landtagswahlen über die Zeit hinweg relativ konstant ab. Ein Grund dafür kann in dem bestätigten positiven signifikanten Zusammenhang zwischen der Beliebtheit der Bundeskanzlerin und der Popularität der Union gesehen werden.

Für das hier festgestellte zunehmend schlechtere Abschneiden der Bundesregierungsparteien bei den Landtagswahlen über die Legislaturperiode hinweg ist somit vor allem das Abschneiden der SPD bei Wahlen auf Landesebene verantwortlich. Nach der Bürgerschaftswahl in Hamburg am 24. Februar 2008 erzielte die SPD starke Verluste bei den folgenden Landtagswahlen. Eine Ausnahme ist die Wahl in Brandenburg, bei der, wie erwähnt, wahrscheinlich die große Popularität des Ministerpräsidenten Matthias Platzeck (SPD) ausschlaggebend war. Ursächlich für diese Entwicklung der SPD seit der Hamburg-Wahl können die innerparteilichen Diskussionen über das Verhältnis zur Linkspartei sein. Bei Umfragen der „Forschungsgruppe Wahlen" ab März 2008 nahmen 75 Prozent der Befragten die SPD als eine Partei wahr, welche in wichtigen politischen Fragen zerstritten ist[34]. Im Vergleich zu den anderen Parteien war dies mit Abstand der höchste Wert. Zudem bezeichneten 60 % der Wahlberechtigten das Verhältnis der Koalitionspartner untereinander als angespannt [35] und nur 14 % trauten der Regierung die Lösung der aktuellen Probleme zu[36]. Zudem nahmen immer weniger Bürger die SPD als eine „glaubwürdige" bzw. „soziale" Partei wahr[37]. Auch der Kanzlerkandidat der SPD, Frank-Walter Steinmeier, erreichte nur geringe Zustimmungswerte[38]. Einen großen Absturz bei den Popularitätswerten erreichte die SPD jedoch vor allem nach der Wahl zum Europäischen Parlament am 7. Juni 2009, bei welcher sie mit 21 Prozent das schlechteste Ergebnis bei einer bundesweiten Wahl erzielte. Dieses Abschneiden wirkte sich offensichtlich negativ auf die Popularität der SPD bei der Bevölkerung aus, wel-

---

34 http://www.forschungsgruppe.de/Umfragen_und_Publikationen/Politbarometer/Archiv/ Politbarometer_2008/Maerz_2008/
35 http://www.forschungsgruppe.de/Umfragen_und_Publikationen/Politbarometer/Archiv/ Politbarometer_2008/Mai_I_2008/
36 http://www.forschungsgruppe.de/Umfragen_und_Publikationen/Politbarometer/Archiv/ Politbarometer_2008/Mai_II_2008/
37 http://www.forschungsgruppe.de/Umfragen_und_Publikationen/Politbarometer/Archiv/ Politbarometer_2008/Mai_II_2008/
38 http://www.forschungsgruppe.de/Umfragen_und_Publikationen/Politbarometer/Archiv/ Politbarometer_2008/November_I_2008/

che sich wiederum entsprechend bei den Landtagswahlergebnissen widerspiegelte.

Je länger die Legislaturperiode andauerte, umso populärer wurden umgekehrt die Oppositionsparteien. Dies wirkte sich entsprechend auf deren Abschneiden bei den Landtagswahlen aus. Die Ursache ist in der Stärkung der kleinen Parteien in Zeiten einer großen Koalition zu sehen. So konnte empirisch gezeigt werden, dass es in Zeiten einer großen Koalition zu einer Pluralisierung des Parteiensystems und zu einer „fortschreitenden Repräsentationskrise" (Haas 2007: 26) der großen Parteien kommt.

Prognose

Nach der Bundestagswahl am 27. September 2009 wurde eine Koalition aus CDU/CSU und FDP gebildet. Die zeitgleich stattfindende Landtagswahl in Schleswig-Holstein hatte zur Folge, dass die dort regierende große Koalition ebenfalls durch eine schwarz-gelbe Landesregierung abgelöst wurde. Somit kann sich die schwarz-gelbe Bundesregierung derzeit auf eine eigene Mehrheit im Bundesrat stützen.

Wie die neue Bundesregierung bei den nächsten Landtagswahlen abschneidet, bleibt abzuwarten. Mit der SPD gibt es nun wieder eine große Oppositionspartei im Bund, welche zusammen mit den Grünen und der Linkspartei ein „linkes" Lager bildet. Somit ist anzunehmen, dass sich das Parteiensystem wieder stärker polarisiert. Es ist durchaus möglich, dass die Bundesregierung bei den nächsten Landtagswahlen wieder zyklisch an Stimmen verlieren, obwohl die Untersuchungen seit 1990 keinen eindeutigen u-förmigen Verlauf mehr nachweisen konnten.

Weitere Forschungsfelder

In weiteren Untersuchungen können die Ergebnisse dieser Arbeit mit dem Abschneiden der großen Koalition bei Landtagswahlen zwischen 1966 und 1969 verglichen werden. So stellten in beiden Zeiträumen die CDU den Bundeskanzler bzw. die Bundeskanzlerin. Während die große Koalition zwischen 2005 und 2009 nur in einem begrenzten Zeitraum eine Zwei-Drittel-Mehrheit im Bundesrat besaß, konnte sich die Regierung unter Kurt Kiesinger während ihrer gesamten Amtszeit auf diese Mehrheit stützen. Im Gegensatz zu der großen Koalition unter Merkel gab es von 1966 bis 1969 grundlegende Grundgesetzänderungen, wie die Reform der Finanzverfassung und vor allem die Notstandsgesetze, welche zu massiven Protesten der FDP und der Außerparlamentarischen Opposition

(APO) führten. Im Gegensatz zum untersuchten Zeitraum von 2005 bis 2009 konnte zwischen 1966 und 1969 empirisch ein zyklischer Verlauf der Verluste der Regierungsparteien bei Landtagswahlen nachgewiesen werden (Dinkel 1997: 351). Die Ursachen für diese Unterschiede können in weiteren Studien untersucht werden. In diesem Zusammenhang können auch die Ergebnisse mit großen Koalitionen aus anderen föderalen Staaten verglichen werden.

Neben dem untersuchten Einfluss der ökonomischen Lage bzw. der Beliebtheit der Bundeskanzlerin auf die Popularität der Bundesregierung können natürlich noch weitere Faktoren eine Rolle spielen.

So konnte Bytzek eine Korrelation zwischen (politischen) Ereignissen und der Beliebtheit der Regierung aufweisen. (2007: 200). Als Fallbeispiele untersuchte sie die Auswirkung des Kosovokrieges 1999 und die CDU-Spendenaffäre 1999/2000 und die Darstellung des Krisenmanagements der Verantwortlichen in den Medien. In dem untersuchten Zeitraum könnte beispielsweise der Umgang der Regierung mit der Wirtschafts- und Finanzkrise als ein solcher „externer Schock" betrachtet werden. In diesem Zusammenhang wird ein weiterer Faktor sichtbar: Die Darstellung der Arbeit der Regierung in den Medien. Auch die allgemeine Berichterstattung kann durchaus die Bewertung der Regierungsparteien beeinflussen.

Neben der Bundeskanzlerin kann ebenso die Anerkennung einzelner Minister im Kabinett bedeutend für die Gesamtbeurteilung der Regierung sein. In diesem Zusammenhang ist vor allem der Außenminister, welcher in der Regel gleichzeitig Vizekanzler ist und von dem „kleinen" Koalitionspartner gestellt wird, zu nennen. Aber auch das Finanzministerium wird in der Öffentlichkeit oft als „Schlüsselressort"[39] bezeichnet, welches eine gewichtige Funktion im Kabinett einnimmt.

Falls das individuelle Wahlverhalten bei Landtagswahlen untersucht wird, sind zudem noch die von Völkl (2009) erwähnten Unterschiede der Parteiidentifikation der Wähler, der Kandidaten- und Sachfragenorientierung zwischen der Bundes- und Landesebene zu berücksichtigen.

Neben der Popularität der Ministerpräsidenten sind auch die Spitzenkandidaten der anderen Parteien bei einer Landtagswahl zu betrachten. So spielt beispielsweise die Bekanntheit dieser Personen eine nicht zu vernachlässigende Rolle. Auch kann ein polarisierender Wahlkampf, welcher den Schwerpunkt auf ein zentrales landes- bzw. bundespolitisches Issue setzt, sich entsprechend auf das Ergebnis auswirken.

---

39 http://www.welt.de/politik/bundestagswahl/article4733599/Wolfgang-Schaeuble-als-Finanzminister-im-Gespraech.html

Literaturverzeichnis

Abramowitz, Alan I., Cover, Albert D. & Norpoth, Helmut 1986: The President's Party in Midterm Elections: Going from Bad to Worse. In: *American Journal of Political Science* 30(3). 562-576.

Alesnia, Alberto & Rosenthal, Howard 1989: Partisan Cycles in Congressional Elections and the Macroeconomy. In: *The American Political Science Review* 83(2). 373-398.

Alesnia, Alberto & Rosenthal, Howard 1995: Partisan politics, divided government, and the economy. Cambridge: Cambridge University Press.

Alesnia, Alberto & Roubini, Nouriel 1990: Political Cycles in OECD Economies. *National Bureau of Economic Research Working Paper 3478.* http://www.nber.org/papers/w3478.pdf?new_window=1. Zugegriffen am 22.02.2010.

Alesnia, Alberto, Londregan, J. & Rosenthal, Howard 1993: A Model of the Political Economy of the United States. In: *The American Political Science Review* 87(1). 12-33.

Anderson, Christopher J. & Ward, Daniel S. 1996: Barometer Elections in Comparative Perspective. In: *Electoral Studies* 15(4). 447-460.

Berger, Helge & Ulrich Woitek 1997: Searching for Political Business Cycles (PBC) in Germany. University of Munich.

Born, Richard 1984: Reassessing the Decline of Presidential Coattails: U.S. House Elections from 1952-80. In: *The Journal of Politics* 46(1). 60-79.

Born, Richard 1990: Surge and Decline, Negative Voting, and the Midterm Loss Phenomenon: A Simultaneous Choice Analysis. In: *American Journal of Political Science* 34(3). 615-645.

Burkhart, Simone 2005: Parteipolitikverflechtung - Über den Einfluss der Bundespolitik auf Landtagswahlen. In: *Politische Vierteljahresschrift* 46(1). 14-38.

Burkhart, Simone 2008: Blockierte Politik. Frankfurt; New York: Campus-Verlag.

Bytzek, Evelyn 2007: Ereignisse und ihre Wirkung auf die Popularität von Regierungen: von der Schleyer-Entführung zur Elbeflut. Baden-Baden: Nomos.

Calvert, Randall L. & Ferejohn, John A. 1981: Presidential Coattails in Historical Perspective. In: *Working Papers from California Institute of Technology* 343. Division of the Humanities and Social Sciences.

Calvert, Randall L. & Ferejohn, John A. 1983: Coattail Voting in Recent Presidential Elections. In: *The American Political Science Review* 77(2). 407-419.

Campbell, Angus 1960: Surge and Decline: a Study of Electoral Change. In: *Public Opinion Quarterly* 24(3). 397-418.

Campbell, James E. 1987: The Revised Theory of Surge and Decline. In: *American Journal of Political Science* 31(4).965-979.

Campbell, James E. 1997: The presidential pulse of congressional elections. Lexington: University Press of Kentucky.

Cover, Albert D. 1985: Surge and Decline in Congressional Elections. Salt Lake City: University of Utah.

Decker, Frank 2006: Höhere Volatilität bei Landtagswahlen? Zur Bedeutung bundespolitischer Zwischenwahlen. Wiesbaden: VS Verlag für Sozialwissenschaften.

Decker, Frank & von Blumenthal, Julia 2002: Die bundespolitische Durchdringung der Landtagswahlen. Eine empirische Analyse von 1970 bis 2001. In: *Zeitschrift für Parlamentsfragen* 33 (1). 144-164.

Dinkel, Reiner H. 1977: Der Zusammenhang zwischen Bundes- und Landtagswahlergebnissen. In: *Politische Vierteljahresschrift* 18(2/3). 348-359.

Dinkel, Reiner H. (1989): Landtagswahlen unter dem Einfluss der Bundespolitik. Die Erfahrung der letzten Legislaturperioden. In: Falter, Jürgen W. & Rattinger, Hans & Troitzsch, Klaus G. (Hrsg.): *Wahlen und politische Einstellungen in der Bundesrepublik Deutschland. Neuere Entwicklungen der Forschung.* Frankfurt am Main; Bern; New York; Paris: Lang. 253-262.

Erikson, Robert S. 1988: The Puzzle of Midterm Loss. In: *The Journal of Politics* 50(4). 1011-1029.

Fabritius, Georg (1978): Wechselwirkungen zwischen Landtagswahlen und Bundespolitik. In: Hermens, Ferdinand A., König, René, Scheuch, Erwin K. & Wildenmann, Rudolf (Hrsg.): *Politik und Wähler.* Meisenheim am Glan: Anton Hain.

Fabritius, Georg (1979): Sind Landtagswahlen Bundesteilwahlen? In: *Aus Politik und Zeitgeschichte* B21. 23-38.

Fiorina, Morris 1996: Divided Government. Boston: Allyn and Bacon.

Frey, Bruno S. 1977: Moderne Politische Oekonomie. München; Zürich: Piper.

Frey, Bruno S. & Benz, Matthias 2002: Business Cycles: Political Business Cycle Approach. In: Snowdon, Brian & Vane, Howard R. (Hrsg*.): An Encyclopedia of Macroeconomies.* Cheteham: Elgar. 89-93.

Gross, Christiane & Kriwy, Peter 2009: Klein aber fein! Quantitative empirische Sozialforschung mit kleinen Fallzahlen. Wiesbaden: VS Verlag für Sozialwissenschaften.

Haas, Melanie 2007: Auswirkungen der Großen Koalition auf das Parteiensystem. In: *Aus Politik und Zeitgeschichte* 35-36. 18-25.

Hilmer, R. (2008): Landtagswahlen 2006 im Zeichen der Großen Koalition: Eine vergleichende Betrachtung. In: Teschner, Jens & Batt, Helge (Hrsg.): *100 Tage Schonfrist - Bundespolitik und Landtagswahlen im Schatten der Großen Koalition.* Wiesbaden: VS Verlag. 93-107.

Hough, Daniel & Jeffery, Charlie 2001: The Electoral Cycle and Multi-Level Voting in Germany. In: *German Politics* 10(2). 73-98.

Hough, Daniel & Jeffery, Charlie 2003: Landtagswahlen: Bundestestwahlen oder Regionalwahlen? In: *Zeitschrift für Parlamentsfragen 34* (1). 79-94.

Hudson, John 1985: The Relationship between Government Popularity and Approval for the Government's Record in the United Kingdom. In: *British Journal of Political Science* 15(2). 165-186.

Kaack, Heino 1974: Landtagswahlen und Bundespolitik 1970-1972. In: *Aus Politik und Zeitgeschichte* B13. 3-45.

Kernell, Samuel 1977: Presidential Popularity and Negative Voting: An Alternative Explanation of the Midterm Congressional Decline of the President's Party. In: *The American Political Science Review* 71(1). 44-66.

Kernell, Samuel 1978: Explaining Presidential Popularity. How Ad Hoc Theorizing, Misplaced Emphasis, and Insufficient Care in Measuring One's Variables Refuted Common Sense and Led Conventional Wisdom Down the Path of Anomalies. In: *American Political Science Review* 72(2). 506-522.

Linhart, Eric 2006: Ampel, Linkskoalition und Jamaika als Alternativen zur großen Koalition. In: *Working Paper Mannheimer Zentrum für Europäische Sozialforschung* 91. 1-22.

Lohmann, Susanne & Brady, David W. & Rivers, Douglas 1997: Party Identification, Retrospective Voting, and Moderating Elections in a Federal System: West Germany, 1961-1989. In: *Comparative Political Studies* 30(4). 420-449.

Lösche, Peter & Walter, Franz 1996: Die FDP: Richtungsstreit und Zukunftszweifel. Darmstadt: Wissenschaftliche Buchgesellschaft.

Marsh, Michael 1998: Testing the Second-Order Election Model after Four European Elections. In: *British Journal of Political Science* 28(4). 591-607.

Machnig, Matthias & Raschke, Joachim (2009): Wohin steuert Deutschland? Bundestagswahl 2009; ein Blick hinter die Kulissen. Hamburg: Hoffmann und Campe.

Nordhaus, William D. 1975: The Political Business Cycle. In: *Review of Economic Studies* 42. 169-190.

Persson, Torsten & Tabellini, Guido 2003: Economic policy in representative democracies. Cambridge: MIT Press.

Rattinger, Hans & Juhasz Zoltan 2006: Die Bundestagswahl 2005. Neue Machtkonstellation trotz Stabilität der politischen Lager. München: Hanns-Seidel-Stiftung.

Reif, Karlheinz & Schmitt, Hermann 1980: Nine second-order national elections: a conceptual framework for the analysis of European Results. In: *European Journal of Political Research* 8(1). Oxford : Blackwell. 3-44.

Schmidt, Manfred G. 2005: Sozialpolitik in Deutschland: historische Entwicklung und internationaler Vergleich. Wiesbaden: VS Verlag für Sozialwissenschaften.

Nohlen, Dieter & Schultze, Rainer-Olaf 2004: Lexikon der Politikwissenschaft. München: C. H. Beck Verlag.

Stimson, James A. 1976: Public Support for American Presidents: A Cyclical Model. In: *Public Opinion Quarterly* 40(1). 1-21.

Tufte, Edward R. 1975: Determinants of the Outcomes of Midterm Congressional Elections. In: *The American Political Science Review* 69(3). 812-826.

Völkl, Kerstin 2009: Reine Landtagswahlen oder regionale Bundestagswahlen?. Baden-Baden: Nomos-Verlag.

Wüst, Andreas M. 2003: Politbarometer. Opladen: Leske + Budrich.

Zohlnhöfer, Reimut 2009: Große Koalition: Durchregiert oder im institutionellen Dickicht verheddert?. In: *Aus Politik und Zeitgeschichte* 38.

Anhang

Tabelle A1.1: Bundestagswahlergebnis am 18. September 2005 nach Bundesländer und Parteien

	CDU/CSU	SPD	FDP	Die Linke	Grüne	Sonstige
BW	39,2	30,1	11,9	3,8	10,7	4,3
RP	36,9	34,6	11,7	5,6	7,3	3,9
ST	24,7	32,7	8,1	26,6	4,1	3,8
BE	22,0	34,4	8,2	16,4	13,7	5,3
MV	29,6	31,7	6,3	23,7	4,0	4,7
HB	22,8	42,9	8,1	8,4	14,3	3,5
HE	33,7	35,6	11,7	5,3	10,1	3,6
NI	33,6	43,2	8,9	4,3	7,4	2,6
HH	28,9	38,7	9,0	6,3	14,9	2,2
BY	49,2	25,5	9,5	3,4	7,9	4,5
SL	30,2	33,3	7,4	18,5	5,9	4,7
SN	30,0	24,5	10,2	22,8	4,8	7,7
TH	25,7	29,8	7,9	26,1	4,8	5,7
BN	20,6	35,8	6,9	26,6	5,1	5,0
SH	36,4	38,2	10,1	4,6	8,4	2,3

Quelle: Statistisches Bundesamt

Tabelle A1.2: Bundestagswahlergebnis am 27. September 2009 nach Bundesländer und Parteien

	CDU/CSU	SPD	FDP	Die Linke	Grüne	Sonstige
BW	34,4	19,3	18,8	7,2	13,9	6,4
RP	35,0	23,8	16,6	9,4	9,7	5,5
ST	30,1	16,9	10,3	32,4	5,1	5,2
BE	22,8	20,2	11,5	20,2	17,4	7,9
MV	33,1	16,6	9,8	29,0	5,5	6,0
HB	23,9	30,2	10,6	14,3	15,4	5,6
HE	32,2	25,6	16,6	8,5	12,0	5,1
NI	33,2	29,3	13,3	8,6	10,7	4,9
HH	27,8	27,4	13,2	11,2	15,6	4,8
BY	42,5	16,8	14,7	6,5	10,8	8,7
SL	30,7	24,7	11,9	21,2	6,8	4,7
SN	35,6	14,6	13,3	24,5	6,7	5,3
TH	31,2	17,6	9,8	28,8	6,0	6,6
BN	27,8	27,4	13,2	11,2	15,6	4,8
SH	32,2	26,8	16,3	7,9	12,7	4,1

Quelle: statistisches Bundesamt